자가실습이 가능하도록 상세한 설명과 사진 수록

최신 제과제빵 기능사

실기   이경화·김종욱·김정수·이준열
정현철·이원석·김형일·강신욱

- 최신 실기품목 수록
- 카페베이커리 품목 수록

Confectionery &
Baking

🅱 (주)백산출판사

Preface

빵이라 통칭되는 제품을 굳이 구분하자면 이스트의 사용 유무에 따라 크게 제과와 제빵으로 나눌 수 있다.

이를 응용하여 다양한 제품을 만들면서 완제품에 대한 이해력을 높이고, 필요한 자격이나 위생에 대한 관념 등의 이론적 요소를 확립하면, 응용제품의 좀 더 복잡한 기술이 필요해진다. 따라서 이러한 다양한 기술과 필요한 지식들을 공인할 필요가 있는데 이러한 제도를 자격증이란 표현을 빌려 세계 각국에서 시행하고 있다.

현재 우리나라 한국산업인력공단에서 시행하는 관련 자격요건 중에서 제과기능사, 제빵기능사, 제과제빵 산업기사, 기능장의 제도를 대표적으로 들 수 있는데 본 교재는 제과기능사, 제빵기능사를 이론 및 실무 과정 위주로 구성하였다.

본서는 필자들이 대학에서 제과제빵실습과 이론을 다년간 강의하면서 사용했던 우수한 교재들을 표본으로 부족한 점과 필요한 부분을 보완하여 나름의 완성도 있는 교재를 집필하고자 시도한 것이다.

실제 실습수업에서 필요한 사항들과 책으로만 학습하기에는 부족한 듯한 내용을 학생 및 검정을 준비하는 수험생들의 완벽한 이해를 돕고 그에 따른 충분한 연습이 가능하도록 구성했다.

또한 2024년부터 새로이 추가된 품목과 기존의 품목에서 삭제된 품목을 대상으로 각 20가지의 제빵, 제과품목을 새로이 변경된 구성으로 자가실습이 가능하도록 자세한 내용과 사진을 실었으며, 실제 현장에서 부족하기 쉬운 필수적인 이론을 더했기에 실무에 종사하는 기술인은 물론 이제 막 배우려는 학생들에게도 미력이나마 본 교재가 도움이 되었으면 한다. 또한 최근의 트렌드에 맞추어 확장되는 시장인 카페베이커리에서 제조 판매되고 있는 제품을 엄선하여 기능사 품목에서 한 발 더 나아가 보다 숙련된 기술을 완성하고자 시중에서 매우 많이 판매되는 제품을 추가하였다.

본서가 완성되기까지 도움을 주신 분들, 특히 제품의 가치를 최대한으로 이끌어내주신 백산출판사 대표님, 이광진 작가님, 이정선 교수님, 그리고 도와주신 모든 분께 감사의 뜻을 전한다. 특히 여러모로 바쁘신 중에 장소와 재료 그리고 물심양면으로 지원을 아끼지 않으신 백산출판사 관계자 여러분, 그리고 동아리 여러분께도 감사의 인사를 전한다.

2024. 1.

저자씀

Contents

Chapter 1   제과제빵 이론

01   제과제빵공정   16

02   제과제빵론   50

Chapter 2   제빵기능사 실기

• 빵도넛   80

• 소시지빵   84

• 식빵 – 비상스트레이트법   88

• 단팥빵 – 비상스트레이트법   92

• 그리시니   96

• 밤식빵   100

• 베이글   104

• 스위트롤   108

• 우유식빵   112

• 단과자빵(트위스트형)   116

• 단과자빵(크림빵)   120

• 풀먼식빵   124

• 단과자빵(소보로빵)   128

- 쌀식빵　　　　　　　　　　　132
- 호밀빵　　　　　　　　　　　136
- 버터톱식빵　　　　　　　　　140
- 옥수수식빵　　　　　　　　　144
- 모카빵　　　　　　　　　　　148
- 버터롤　　　　　　　　　　　152
- 통밀빵　　　　　　　　　　　156

Chapter 3　제과기능사 실기

- 초코머핀　　　　　　　　　　　　162
- 버터스펀지 케이크 – 별립법　　　166
- 젤리 롤 케이크 – 공립법　　　　　170
- 소프트 롤 케이크　　　　　　　　174
- 버터스펀지 케이크 – 공립법　　　178
- 마들렌　　　　　　　　　　　　　182
- 쇼트브레드 쿠키　　　　　　　　186
- 슈　　　　　　　　　　　　　　　190
- 브라우니　　　　　　　　　　　　194
- 과일케이크　　　　　　　　　　　198
- 파운드 케이크　　　　　　　　　202
- 다쿠아즈　　　　　　　　　　　　206
- 타르트　　　　　　　　　　　　　210
- 흑미롤케이크 – 공립법　　　　　214
- 시퐁 케이크 – 시퐁법　　　　　218
- 마데라컵 케이크　　　　　　　　222
- 버터쿠키　　　　　　　　　　　　226
- 치즈 케이크　　　　　　　　　　230
- 호두파이　　　　　　　　　　　　234
- 초코롤 케이크　　　　　　　　　238

Chapter 4   카페베이커리 품목

- 크랜베리 피스타치오 스콘   244
- 핑크로즈 마카롱   246
- 쿠키 슈(밀크, 다크)   248
- 큐빅 스펀지 케이크   250
- 딥 블랙 쿠키   252
- 크레이프 케이크   254
- 퍼프 소시지   256
- 초코 피스타치오 스틱   258
- 롤치즈 큐빅 식빵   260
- 러프 스쿱 쿠키   262
- 호두팥앙금 브레드   264
- 시나몬 크로넛   266
- 미니 프루츠 타르틀레트   268
- 풀리쉬 바게트   270
- 맘모스 페이스트리   272
- 무화과 깜파뉴   274
- 시카고치즈 브레드   276
- 코코넛슈레드 브레드   278
- 인절미 빵   280
- 아몬드 크루아상   282

부록 얕지만 알아두면 좋을
    제과제빵 지식창고   285

제과제빵기능사 검정 안내

1. 제빵기능사

개요

- 제빵에 관한 숙련기능을 가지고 제빵 제조와 관련된 업무를 수행할 수 있는 능력을 가진 전문인력을 양성하고자 자격제도 제정

수행직무

- 각 제빵제품 제조에 필요한 재료의 배합표 작성, 재료 계량을 하고 각종 제빵용 기계 및 기구를 사용하여 반죽, 발효, 성형, 굽기 등의 공정을 거쳐 각종 빵류를 만드는 업무 수행

취득방법

- 시행처 : HRDK 한국산업인력공단(1644-8000)
  Q-Net(http://www.q-net.or.kr/)
- 관련학과 : 농업계 고등학교 식품가공학과 및 전문대학교 제과제빵 및 조리관련 학과
- 시험과목

  필기 :
  1. 빵류제품 재료혼합
  2. 빵류제품 반죽정형
  3. 빵류제품 반죽익힘
  4. 빵류제품 포장
  5. 빵류제품 저장유통
  6. 빵류제품 위생안전관리

7. 빵류 제품 생산작업준비

실기 : 제빵작업

- 검정방법

필기 : 객관식 4지 택일형, 60문항(60분)

실기 : 작업형(3~5시간 정도)

- 합격기준 : 100점 만점에 60점 이상
- 응시자격 : 제한 없음

출제경향

- 재료평량, 반죽(발효), 성형, 굽기 등의 공정을 거쳐 요구하는 제빵 제품을 만드는 작업 수행

진로 및 전망

- 식빵류, 과자빵류를 제조하는 제빵 전문업체, 비스킷류, 케이크류 등을 제조하는 제과 전문생산업체, 빵 및 과자류를 제조하는 생산업체, 손작업을 위주로 빵과 과자를 생산 판매하는 소규모 빵집이나 제과점, 관광업을 하는 대기업이 제과, 제빵부서, 기업체 및 공공기관의 단체 급식소, 장기간 여행하는 해외 유람선이나 해외로 취업이 가능하다.
  현재 자격이 있다고 해서 취직에 결정적인 요소로 작용하는 것은 아니지만, 제과점에 따라 자격수당을 주며, 인사고과 시 유리한 혜택을 받을 수 있다.
- 해당 직종에 전문성을 요구하는 방향으로 나아가고 있어 제과제빵사를 직업으로 선택하려는 사람에게는 필요한 자격직종이다.

실시 기관명 : 한국산업인력공단

기관주소 : http://www.q-net.or.kr/

2. 제과기능사

개요

- 제과에 관한 숙련기능을 가지고 제과 제조와 관련된 업무를 수행할 수 있는 능력을 가진 전문인력을 양성하고자 자격제도 제정

수행직무

- 각 제과제품 제조에 필요한 재료의 배합표 작성, 재료 계량을 하고 각종 제과용 기계 및 기구를 사용하여 성형, 굽기, 장식, 포장 등의 공정을 거쳐 각종 제과제품을 만드는 업무 수행

취득방법

- 시행처 : HRDK 한국산업인력공단(1644-8000)
  Q-Net(http://www.q-net.or.kr/)
- 관련학과 : 농업계 고등학교 식품가공학과 및 전문대학교 제과제빵 및 조리관련 학과
- 시험과목
  필기 :
    1. 과자류제품 재료혼합
    2. 과자류제품 반죽정형
    3. 과자류제품 반죽익힘
    4. 과자류제품 포장
    5. 과자류제품 저장유통
    6. 과자류제품 위생안전관리
    7. 과자류 제품 생산작업준비

실기 : 제과작업

- 검정방법

  필기 : 객관식 4지 택일형, 60문항(60분)

  실기 : 작업형(3~5시간 정도)

- 합격기준 : 100점 만점에 60점 이상

- 응시자격 : 제한 없음

출제경향

- 제과평량, 반죽(발효), 성형, 굽기 등의 공정을 거쳐 요구하는 제과 제품을 만드는 작업 수행

진로 및 전망

- 식빵류, 과자빵류를 제조하는 제빵 전문업체, 비스킷류, 케이크류 등을 제조하는 제과 전문생산업체, 빵 및 과자류를 제조하는 생산업체, 손작업을 위주로 빵과 과자를 생산 판매하는 소규모 빵집이나 제과점, 관광업을 하는 대기업이 제과, 제빵부서, 기업체 및 공공기관의 단체 급식소, 장기간 여행하는 해외 유람선이나 해외로 취업이 가능하다.

  현재 자격이 있다고 해서 취직에 결정적인 요소로 작용하는 것은 아니지만, 제과점에 따라 자격수당을 주며, 인사고과 시 유리한 혜택을 받을 수 있다.

- 해당 직종에 전문성을 요구하는 방향으로 나아가고 있어 제과제빵사를 직업으로 선택하려는 사람에게는 필요한 자격직종이다.

실시 기관명 : 한국산업인력공단

기관주소 : http://www.q-net.or.kr/

CHAPTER

1

제과제빵 이론

01 제과제빵공정

01-1 **제과공정**

과자의 특성을 제대로 반영하는 반죽을 만들려면 반죽의 온도를 일정하게 맞추어야 한다. 반죽형 과자의 반죽온도는 24℃ 내외가 적정하다.

1. 반죽(Diugh)

(1) 반죽온도

반죽온도는 제과 제품 제조 시 균일성과 품질을 조절하며 반죽의 온도는 비중만큼 매우 중요하다. 반죽온도에 영향을 미치는 요인은 사용하는 각 재료의 온도와 실내온도, 장비온도, 믹싱법 등에 따라 반죽온도가 다르게 나타난다.

① 반죽온도는 제품의 굽는 시간에 영향을 주어서 수분, 팽창, 표피 등에 변화를 준다.

② 낮은 반죽의 온도는 기공이 조밀하다. 또한 부피가 작아지고 식감이 나쁘다.

　높은 온도는 열린 기공으로 조직이 거칠고 노화가 되기 쉽다.

③ 반죽형 반죽법에서 반죽온도는 유지의 크림화에 영향을 미치는데 유지의 온도가 22~23℃일 때 수분함량이 가장 크고 크림성이 좋다.

1) 계산된 물온도 : 희망하는 반죽온도를 맞추기 위해 반죽에 사용할 물의 온도를 계산한다.

물온도 계산＝희망반죽온도×6－(실내온도＋밀가루온도＋설탕온도＋쇼트닝온도＋달걀온도＋마찰계수)

2) 마찰계수 : 반죽 온도에 영향을 미치는 마찰열을 수치로 환산하는 것

마찰계수＝결과반죽온도×6－(실내온도＋밀가루온도＋설탕온도＋쇼트닝온도＋달걀온도＋수돗물온도)

3) 얼음 사용량(g) : 계산된 물 온도가 수돗물 온도보다 낮을 경우에 얼음을 넣고 온도를 조절해서 사용한다.

$$얼음\ 사용량＝\frac{물사용량×(수돗물\ 온도－사용할\ 물\ 온도)}{80＋수돗물\ 온도}$$

(2) 온도와 반죽의 변화

1) 낮은 반죽온도

온도가 낮으면 지방의 일부가 굳어 반죽이 공기를 포함하기 어렵기 때문에 비중이 높으며, 이는 제품의 내상 기공이 조밀하고 제품의 부피가 작으며 굽는 시간이 길다. 이런 반죽은 오래 구워야 속까지 익기 때문에 껍질은 두껍고 부서지기 쉬우며, 캐러멜화가 많이 일어나 향기가 짙다.

2) 높은 반죽온도

온도가 높으면 지방이 너무 녹아들어, 반죽이 공기를 포함하기 어렵다. 또한 베이킹파우더는 높은 온도에서 너무 빨리 가스를 발생해 반죽 밖으로 빠져나가므로 조직의 질감이 부드럽다.

(3) 반죽의 산도 조절

1) 산성

제품에 따라 알맞은 산도가 있으나, 적정 산도를 넘어서 산성에 가까우면 기공이 너무 곱고 껍질색이 여리고 신맛이 나며 제품의 부피가 작다. 유지가 많이 섞인 반죽은 대개 산성에서 안정하며, 과일 케이크는 산성에서 과일이 반죽 안에 골고루 퍼진다.

- 산성 제품에 미치는 경향
- 비중이 무거운 제품으로 기공이 조밀하다.
- 어린 제품의 색을 나타낸다.
- 신맛이 강하다.
- 제품의 비중에 영향으로 부피가 낮다.

2) 알칼리

알칼리성에 가까우면 기공이 거칠고 전체적으로 색이 어두우며 강한 향과 소다 맛이 난다. 향과 색이 짙은 초콜릿케이크와 코코아케이크를 원하면 반죽의 조건을 알칼리성으로 맞춰야 한다.

- 알칼리성 제품에 미치는 영향
- 비중이 높아 기공이 거칠다.
- 제품의 껍질과 케이크 속색이 어둡다.
- 강한 향을 내며, 베이킹소다 맛이 난다.

3) pH의 조절

반죽의 pH를 낮추고자 하는 경우 첨가제를 사용하는 방법으로 주석산크림, 사과산, 구연산 사용하며, 배합재료을 이용하는 방법으로는 배합 재료 사용 중 박력분 산성, 신선한 달걀은 알칼리성, 과일과 주스는 강산성으로 조절이 가능하여 이런 재료을 사용하여 적정한 pH를 조절한다. pH를 높이려 할 때는 중조를 사용한다.

(4) 비중(Specific Gravity)

부피가 같은 물의 무게에 대한 반죽의 무게를 숫자로 나타낸 값이다. 그 값이 작을수록 비중이 낮음을 뜻하고, 비중이 낮으면 반죽에 공기가 많이 포함되어 있음을 의미한다. 비중에 따라 제품의 부피, 기공과 조직에 결정적인 영향을 미친다.

1) 부피

반죽의 비중이 높으면 제품의 부피가 작고, 낮으면 크다. 따라서 반죽의 비중을 일정하게 맞추어야 일정한 부피의 제품을 얻을 수 있다.

2) 조직감

비중이 낮을수록 제품의 기공이 크고 조직이 거칠며, 높을수록 기공이 조밀하고 조직이 묵직하다.

3) 비중 측정법

비중컵을 사용한다. 반죽과 물을 각각 비중컵에 담아 무게를 측정한 뒤, 각각의 값에서 비중컵의 무게를 빼서 반죽의 무게와 물의 무게를 계산한다.

- 반죽의 비중=반죽의 무게/물의 무게

- 반죽의 비중 측정 방법
① 전자저울에 비중컵에 물을 넣고 무게를 측정한다.
② 동일한 비중컵에 반죽을 담아 전자저울을 사용하여 비중컵 무게을 뺀 후 반죽을 담고 무게를 측정한다.
③ ②의 무게를 ①의 무게로 나누어 비중을 계산한다.

2. 성형(Molding)

과자의 모양을 만드는 가장 쉬운 방법이 일정한 모양의 틀에 채우는 방법이다. 그 밖에 짜내기, 찍어내기, 접어밀기 등의 방법이 있다.

(1) 짜는 형태 쿠키: 드롭 쿠키, 거품형 쿠키

반죽을 짤주머니에 채워 넣고, 일정한 크기의 철판에 짜놓는 방법이다. 짤주머니에 끼우는 모양깍지의 모양과 짜내는 손놀림에 따라 갖가지 형태가 만들어지며, 반죽을 일정한 크기 및 모양으로 균일하게 짠다.

(2) 밀어서 찍는 형태의 쿠키: 스냅 쿠키, 쇼트브레드쿠키

반죽을 형틀로 찍어 눌러 모양을 뜨는 방법이다. 원하는 모양과 크기에 알맞은 두께로 반죽을 밀어 펴고, 여기에 형틀을 대고 누른다. 0.8~1cm의 두께가 적당하며 너무 두께가 얇으면 타기 쉽고, 과도한 덧가루 사용을 줄이고 반죽의 두께가 일정하도록 밀어준다.

(3) 아이스박스 쿠키: 냉동 쿠키

반죽을 성형하기 전 미리 냉장고에 휴지하면 작업하기 수월하며 쿠키를 여러 가지 형태로 만들 수 있다.

3. 패닝(Panning)

갖은 모양을 갖춘 틀에 반죽을 채워 넣고 구워 형태를 만드는 방법이다. 틀의 부피에 알맞은 반죽양을 계산하여 정확히 그만큼을 채워 넣고 굽는다.

(1) 반죽양과 틀의 부피

과자나 케이크의 반죽은 제품마다 상태가 다르고 비중이 달라서 틀의 부피에 알맞은 반죽양도 달라진다. 비용적이란 반죽 1g을 굽는 데 필요한 틀의 부피를 말하며, 비부피라고도 한다.

(2) 틀의 부피계산법

틀의 부피계산법은 틀의 모양에 따라 다르다.

1) 옆면이 똑바른 둥근 틀

$$틀의 부피(cm^3) = 바닥넓이 \times 높이 = r^2h$$
$$= 반지름(r) \times 반지름(r) \times 3.14 \times 높이(h)$$

2) 옆면이 경사진 둥근 틀

$$부피(cm^3) = [(r + r')/2]^2 \times 3.14 \times h$$
$$= 평균바닥넓이 \times 높이$$

4. 굽기(Baking)

(1) 오버베이킹(Over Baking)

고배율의 반죽일수록, 반죽량이 많을수록 낮은 온도에서 오래 굽는다. 낮은 온도에서 오래 구우면 윗면이 평평하고 조직이 부드러우나 수분의 손실이 크다.

(2) 언더베이킹(Under Baking)

너무 온도가 높으면 중심 부분이 갈라지고 조직이 거칠며, 속은 설익어 주저앉기 쉽다.

5. 반죽 튀기기

(1) 튀김기름의 온도

반죽에 따라 다르지만 반죽의 표면에 막을 씌워 기름이 너무 많이 흡수되지 않을 만큼 높은 온도여야 한다. 온도가 낮으면 너무 많이 부풀어 껍질이 거칠고 기름이 많이 흡수된다. 튀김기름의 표준온도는 185~196℃이다.

(2) 기름의 회전율

튀김기름의 회전율이란, 시간당 새로 넣는 기름 양을 처음 기름의 양에 대한 비율로 나타낸 값이다. 튀김기름의 회전율은 기름의 양에 영향을 받는다. 즉 일정량의 기름을 붓고 반죽을 담가 튀기다 보면 기름이 흡수되어 양이 준다. 그러므로 튀기는 동안 줄어드는 양만큼을 새로 넣어야 한다.

6. 마무리

최종 제품의 품질과 시각적 효과을 향상하고 저장과정 중 제품의 품질유지, 수분손실을 최소화하기 위해 다양한 제품을 최종 마무리(Finishing)하여 멋과 맛을 제품의 윤기를 부여하여 보관한다.

〈충전 및 장식〉

표면이 마르지 않도록 덮거나 한 겹 씌우는 재료를 장식물이라 한다.

(1) 아이싱(Icing)

장식 재료를 가리키는 명칭임과 동시에 설탕을 위주로 한 재료를 빵, 과자 제품에 덮거나 한 겹 씌우는 일 모두를 포함한다. 아이싱의 재료는 물, 유지, 설탕, 향료, 식용색소 등을 섞은 혼합물이다.

1) 아이싱의 재료

- 설탕 : 그래뉴당, 슈거파우더처럼 설탕 입자가 고울수록 아이싱이 부드럽다.

- 쇼트닝 : 아이싱의 부드러움과 윤기를 돋우어 주는 재료이다. 크림형의 유화쇼트 닝과 경화쇼트닝이 아이싱을 만드는 기본재료인데 자체에 맛과 향이 없고, 마른 재료와 잘 섞이며 첨가하는 향료의 특성을 제대로 살린다.

- 버터 : 버터는 향이 좋은 고급 아이싱을 만들기는 하나, 값이 비싸고 크림의 부피 를 키우지 못해 유화쇼트닝과 섞어서 쓴다. 그러면 원가를 줄이면서 향 좋고, 부 피가 최대인 크림을 얻을 수 있다.

- 카카오버터 : 초콜릿의 한 성분으로, 아이싱의 윤기와 저장성을 높여주는 한편, 녹는점이 높아 아이싱을 빨리 안정시킨다.

- 탈지분유 : 가벼운 크림과 향이 진한 버터크림 아이싱에 사용한다. 분유는 수분 을 흡수하고, 크림의 구성체를 이루며 아이싱의 맛과 향을 높인다. 주의할 점은 설탕과 함께 체를 쳐야 덩어리가 지지 않는다는 것이다.

- 시럽 : 지방 함량이 25% 이상인 아이싱을 묽게 할 때는, 물 대신 일반 시럽을 섞 는다. 물을 넣으면 지방이 굳어 다른 수분과 분리된다.

- 달걀 : 아이싱에 섞어 넣을 때는 조금씩 넣어 완전히 흡수된 뒤에 다시 넣어야 응 유현상을 막고 최대의 부피를 얻을 수 있다. 달걀의 흰자만을 거품 내어 크림에 섞으면 부피가 더욱 커지고 윤기가 좋아진다.

- 안정제 : 타피오카 전분, 펙틴, 옥수수전분, 밀 전분, 식물성 검 등이 있다. 안정 제를 쓰는 이유는 안정제가 겔을 만들어 수분을 흡수하여, 설탕이 결정화하지 않 도록 하고 끈적거리고 눌어붙는 현상을 없애기 위함이다.

- 향료 : 아이싱에 넣은 향은 날아가지 않으므로, 굽는 제품에는 소량을 사용한다. 사용하는 향료의 종류는 과일향, 코코아향, 합성인공향료 등이다. 그리고 버터의 천연향과 아이싱을 끓이거나 볶아서 이때 발생한 캐러멜향을 이용할 수 있다.

- 소금 : 소량 넣으면 다른 재료의 맛과 향을 보충하고 강화한다. 그래서 크림 아이싱,

거품을 일으킨 아이싱에 소금을 조금 넣으면 밋밋하고 단조로운 맛이 없어진다.

2) 아이싱의 형태

- 단순 아이싱 : 기본재료(슈거파우더, 물, 물엿, 향료)에 첨가재료(유지)를 섞어 43℃로 데워 되직한 페이스트 상태로 만든다. 주의할 점은 아이싱이 굳으면 중탕으로 녹이도록 하며, 되직한 아이싱은 시럽을 넣어 묽게 한다.

- 크림 아이싱 : 유지와 설탕에 달걀을 넣는 크림법과, 시럽을 가미한 흰자를 거품 내어 유지와 섞는 방법이 있다. 거품 낸 흰자에 넣을 시럽은 113~114℃로 끓여, 믹서를 중속으로 하고 천천히 부어 가면서 고속으로 거품을 낸다.

- 컴비네이션 아이싱 : 단순 아이싱과 크림 아이싱을 혼합한 방법이다. 흰자와 퐁당을 43℃로 데워 단단하게 거품내고, 유지와 분설탕을 섞어 가벼운 크림으로 만든다.

- 응용 아이싱 : 단순 아이싱과 크림 아이싱에 코코아, 초콜릿, 과일 등을 섞어 만든 것이다. 코코아를 넣을 때는 분설탕을 함께 체에 걸러주며, 초콜릿은 녹여서 섞어야 고루 퍼진다. 초콜릿 덩어리가 생기는 결점은 반액체 상태의 초콜릿을 섞기 전에 일부가 굳어 작은 덩어리가 줄무늬로 남은 탓이다. 과일, 견과 등을 섞을 때는 수분이 나오지 않게 너무 치대지 말아야 한다.

3) 아이싱의 종류

- 워터 아이싱 : 투명한 아이싱으로 물과 설탕으로 만들고, 때로 흰자를 조금 섞기도 한다.

- 로열 아이싱: 웨딩케이크나 크리스마스 케이크에 고급스런 순백색의 장식을 위해 사용하는 것으로, 흰자에 슈거파우더를 섞고, 색소, 향료, 레몬즙, 아세트산을 더해 만들며 상황에 따라서 물을 첨가하기도 한다 로열 아이싱을 이용하여 아이싱 쿠키, 케이크에 선을 그리기도 하며, 아이싱 쿠키를 만들어 머핀이나 케이크 위에 장식물로 사용할 수도 있다.

- 초콜릿 아이싱 : 초콜릿을 녹여 물과 슈거파우더를 섞은 것이다.
- 퐁당 아이싱 : 설탕과 물 (10:2 비율)을 115℃까지 가열하여 끓인 시럽을 40℃로 급냉하여 치대면 결정이 희뿌연 상태의 퐁당이 된다. 각종 양과자의 표면과 아이싱에 이용한다. 일반적으로 퐁당은 에클레어(Eclair) 위 또는 케이크, 도넛 등 다양한 곳에 아이싱으로 많이 쓰인다.

4) 아이싱의 보관법

- 크림 아이싱 : 신선한 곳에 뚜껑을 덮어둔다. 뚜껑을 덮는 이유는 피막 같은 껍질이 생기지 않도록 한다.
- 크림 아이싱은 만들어 곧 쓰지 않으면 시간이 흐를수록 부드러움이 없어져 아이싱할 때 터지기 쉽다. 이러한 것을 중탕하여 매끈해질 때까지 믹서로 풀어 윤기를 되살린다.
- 쓰고 남은 아이싱은 한데 모아 섞고 초콜릿을 더해 다시 쓴다.

5) 아이싱이 끈적거리지 않도록 조치하는 사항

- 수분의 사용 : 아이싱에 최소의 액체를 사용한다. 수분이 마르기 전에는 끈적거리고, 수분이 많을수록 잘 마르지 않는다.
- 가열 : 35~43℃로 데워 쓴다. 아이싱에 수분이 적으면 끈적거리지 않는 대신 빨리 굳기 때문에 작업하기 어렵다. 이때 40℃ 전후의 온도로 데워 되기를 맞춘다.
- 시럽의 사용 : 굳은 아이싱은 데우는 정도로 안 되면 시럽을 푼다. 설탕(2)에 물(1)의 양을 넣고 끓여 식힌 시럽을 소량 넣는다.
- 안정제 : 젤라틴, 식물성 검 같은 안정제를 사용한다.
- 흡수제 : 전분, 밀가루 같은 흡수제를 사용한다. 흡수제를 사용함으로써 끈적거림을 막을 수 있다. 단, 양이 많으면 텁텁한 맛이 난다.

(2) 휘핑크림(Whipping Cream)

휘핑크림은 유지방이 40% 이상인 생크림으로 거품내기에 알맞은 크림이다. 하얗게 거품 낸 크림을 케이크에 바르거나 짜내어 장식하면 산뜻하다. 휘핑용 크림을 0.5~1.5℃에서 1~2일간 숙성시킨 뒤 거품을 일으키면 거품이 잘 일어난다. 너무 신선한 크림은 거품이 빨리 생기지 않고 유지방이 분리되어 굳는다. 크림에 10~5%의 분설탕을 사용하여 단맛을 내고, 거품내기 마지막 시점에서 바닐라향을 넣는다.

(3) 퐁당(Fondant)

설탕을 물에 녹여 끓인 뒤 다시 고운 입자로 결정화시킨 것을 말한다. 설탕(100)에 물(30)을 넣고, 114~118℃로 끓인 시럽을 분무기로 물을 뿌리면서 38~44℃까지 식혀 나무주걱으로 빠르게 휘젓는다. 설탕이 결정화하면 유백색의 퐁당 & 슈거파우더 크림이 된다. 이것을 계속 저으면서 한데 모아 떡 반죽처럼 이긴다. 다 식기 전에 이기면 거칠어지고, 너무 식으면 굳어서 작업하기 힘들다. 퐁당이 부드럽고 수분 보유력이 높아지도록 물엿, 전화당, 시럽을 첨가하기도 한다.

(4) 머랭(Meringue)

달걀흰자 거품의 일종으로 흰자만을 이용하여 과자, 디저트에 많이 사용하며, 설탕을 넣는 방법에 따라 제품의 특성이 달라진다. 크게 나누면 익힌 것과 익히지 않은 것에 따라 이탈리안 머랭, 스위스머랭, 프렌치 머랭 등으로 분류한다.

① 이탈리안 머랭(Italian Meringue)
- 알루미늄 자루냄비에 물 설탕을 넣고 끓인다(116~118).
- 거품 올린 흰자에 끓인 설탕 시럽을 부어주면서 머랭을 만든다.
- 무스케이크와 같이 굽지 않는 케이크, 타르트, 디저트 등에 사용하며, 버터크림, 커스터드크림 등에 섞어 사용하기도 한다.

② 스위스 머랭(Swiss Meringue)

- 스위스 머랭은 달걀흰자와 설탕을 믹싱 볼에 넣고 잘 혼합한 후에 중탕하여 45~50℃가 되게 한다.
- 달걀흰자에 설탕이 완전히 녹으면 볼을 믹서에 옮겨 팽팽한 정도가 될 때까지 거품을 낸다.
- 슈거파우더를 소량 첨가하여 각종 장식 모양(머랭, 꽃, 머랭 동물, 머랭 쿠키등)을 만들 때 사용한다.

1) 찬 머랭(Cold Meringue), 프렌치 머랭

가장 기본이 되는 머랭이며, 흰자(100)에 설탕(200)을 섞어 만든다. 온도 24℃의 흰자를 먼저 거품 내다가 분설탕을 조금씩 넣으면서 거품체를 만든다. 거품을 안정시키기 위해 0.3%의 소금과 0.5%의 주석산 크림을 초기에 넣고 중속으로 돌린다. 설탕을 처음부터 넣고 거품내면 머랭의 부피가 작고 시간도 오래 걸린다.

2) 더운 머랭(Hot Meringue)

온제 머랭은 중탕하여 열을 주면서 거품 낸 머랭이다. 가열하는 이유는 설탕이 녹기 쉽도록 하고 기포력을 낮추기 위함이다. 흰자(100)와 설탕(200)을 섞어 43℃로 데운 뒤 거품 내다가, 거품이 안정되면 분설탕(20)을 섞는다.

3) 머랭을 만들 때 주의할 사항

- 흰자를 분리할 때 노른자가 들어가지 않도록 한다.
- 믹싱 볼이 기름기나 물기 없이 깨끗해야 한다.
- 거품을 올릴 때는 빠르게 하고 나중에는 속도를 줄여 기포를 작게 하여 단단한 머랭이 되도록 한다.

(5) 버터크림(Butter Cream)

버터크림은 풍미가 좋아야 하며, 입안에서 잘 녹고 공기가 충분히 함유되어 가벼운 것이 좋다. 오랫동안 형태를 유지하고 분리되지 않아야 하며, 시간이 지나면 조직이 굳어지지만 이것을 다시 혼합했을 때 원래의 부드러운 크림으로 복원되어야 한다.

(6) 커스터드 크림(Custard Cream)

커스터드 크림은 우유, 설탕, 달걀, 전분 등을 넣고 끓인 겔 상태로 만든 크림의 종류이다.

(7) 글레이즈(Glazes)

과자류 표면에 윤기를 내거나, 표면이 마르지 않도록 젤리를 바르는 일을 글레이즈라 한다. 대표적인 재료로는 살구잼, 달걀 푼 것, 녹인 버터, 우유 등이 있으나 최근에는 기성품이 제조되어 나와 이의 사용빈도가 높아지고 있다.

(8) 젤리(Jelly)

자체가 후식용으로 사용되고, 장식물로도 쓴다. 반투명한 색상이 식욕을 돋우기에 충분하다.

(9) 토핑(Topping)

빵에 맛을 들이는 가장 간단한 방법은 밀대나 손으로 얇게 늘인 반죽 위에 촉촉한 재료들을 얹어 굽는 것이다. 고온의 오븐에 넣어 재빨리 구우면 밑바닥은 딱딱하게 구워지지만 장식을 얹은 윗부분은 재료가 빵에 스며들어야 연하다.

1. 반죽형 케이크

제과에서 반죽형 제품은 많은 양의 유지를 사용하고 화학팽창제를 사용하여 제품의 부피을 부풀린 반죽으로 밀가루, 설탕, 달걀, 우유 등의 재료을 사용한다. 제품의 부피는 베이킹파우더와 같은 화학팽창제 의해 부피에 따라 식감이 다르며, 파운드케이크, 레이어케이크, 과일케이크, 컵케이크, 바우쿠헨, 초콜릿케이크 제품 등이 있다.

(1) 레이어케이크(Layer Cake)

반죽형 과자의 대표적인 제품으로 버터케이크라고도 한다. 옐로레이어케이크, 화이트레이어케이크 등이 있다. 후자는 달걀의 흰자만을 사용하여 하얀빛을 띠는 케이크이다.

- 주석산 : 0.5%의 주석산이 달걀 흰자에 첨가되는데 이는 흰자의 구조와 내구성을 강화시킨다.
- 패닝 : 틀 부피의 55~60% 반죽을 채운다.

(2) 데빌스푸드케이크(Devil's Food Cake)

데빌스푸드케이크는 옐로레이어케이크 반죽에 코코아를 넣어 많든 케이크이다. 초콜릿색으로 보통은 초콜릿케이크라고 하지만, 코코아를 쓰면 특별히 데블스푸드케이크라 부른다.

달걀의 흰자를 써서 만든 거품형 반죽과자인 새하얀 엔젤푸드케이크와 대조적으로 검은색을 띠었다고 하여 '악마(Devil)'라는 이름이 지어졌다. 틀 부피의 55~60% 반죽을 채운다.

(3) 초콜릿케이크(Chocolate Cake)

데블스푸드케이크의 배합과 거의 같다. 다른 점은 초콜릿을 32~48% 첨가하고 쇼트닝을 초콜릿의 유지량만큼 뺀다는 사실이다.

(4) 파운드케이크(Pound Cake)

원래 밀가루, 설탕, 유지, 달걀을 각각 1파운드씩 배합하여 만든 케이크이다.

1) 향료

향료는 1.0%로 다른 제품보다 많이 넣는데, 이유는 파운드케이크에 유지가 많이 들어 서있기 때문이다.

2) 굽기

틀의 안쪽에 종이를 깔고 틀 높이의 70%까지 반죽을 채운다. 흔히 보기에 좋도록 윗면을 자연스럽게 터트려 굽는다. 터지지 않게 구우려면 온도를 높지 않게 하고, 굽기 전후에 증기를 불어넣는다.

2. 거품형(Foam Type)

달걀 단백질의 신장성과 변성을 이용하여, 믹싱 과정 중 기포성과 응고성을 부풀린 반죽이다. 달걀의 흰자만을 휘핑하여 사용하는 반죽으로는 머랭반죽, 노른자와 흰자를 휘핑해서 다른 재료와 섞는 것이 스펀지 반죽이다. 스펀지 반죽은 달걀의 성질을 최대한 활용한 반죽으로 수분도 달걀에서 얻는다. 거품형은 거품을 내는 방법에 따라 제품을 구분한다.

(1) 스펀지케이크(Sponge Cake)

1) 물엿

물엿은 고형질을 기준으로 하여 20~25%를 설탕 대신 쓸 수 있다. 물엿이 반죽에 고루 퍼지지 않는 어려움이 있지만, 롤 케이크의 시트처럼 터지지 않고 잘 말리도록 작용하는 재료이다.

2) 굽기

구워서 바로 오븐에서 꺼내어 틀에서 뺀다. 그렇지 않으면 스펀지케이크가 수축하여 쭈글거린다.

수축하는 이유는 틀에 닿은 부분과 케이크 속부분의 식는 속도가 다르기 때문이다.

(2) 엔젤푸드케이크(Angel Food Cake)

스펀지케이크와 기공조직이 거의 같다. 다른 점은 전란을 쓰지 않고 흰자만을 쓴다는 것이다.

1) 주석산크림

튼튼하고 안정된 흰자의 거품체를 만들며, 거품의 색상을 더욱 희게 만든다. 단, 당밀, 오렌지 즙과 같은 산성 재료를 쓰면 주석산크림의 사용량을 줄이도록 한다.

주석산크림은 산성이어서 알칼리성의 흰자를 중화하며 달걀 또는 반죽의 산도가 높아지면 흰자의 힘이 커져 거품체가 튼튼해진다.

2) 설탕

설탕은 흰자를 거품낼 때 한번, 밀가루를 넣을 때 한번 더 섞는다.

흰자에 넣을 때에는 정백당(전체 설탕량의 60~70%, 2/3)을, 밀가루와 함께 넣을 때에는 분설탕(전체의 1/3)을 쓴다. 흰자에 설탕을 너무 많이 넣으면 거품이 많이 일어나

공기와 융합하지 못하고, 조금 쓰면 거품에 힘이 없다.

3. 유지층

퍼프 페이스트리(Puff Pastry)란 밀가루 반죽에 유지를 감싸 넣어 구운 반죽과자 제품으로, 유지층이 결을 이룬다.

1) 밀가루

유지를 지탱하는 재료로 강력분이 알맞다.

2) 유지

가소성, 신장성이 크고, 녹는점이 높은 버터, 마가린 등의 유지를 쓴다. 한편 굽는 동안 잘 부풀도록 수분이 포함된 버터를 쓴다.

3) 반죽법

반죽형 페이스트리 반죽은 유지를 깍두기 모양으로 잘라 물, 밀가루와 섞어서 반죽한다. 0.3cm로 밀어 펴는 동안 글루텐이 발달하며, 제품이 단단하다. 프랑스식 접기형 파이반죽은 밀가루, 유지, 물로 반죽을 만든다. 글루텐을 완전히 발전시킨 후 유지를 싸서 밀어 펴서 결이 곱다.

4) 휴지

반죽을 친 후 30분 이상 냉장고에서 휴지시킨다. 굽기 전에 30~60분 동안 또다시 휴지시킨다. 휴지시키면 반죽의 글루텐이 느슨해져 손가락으로 눌렀다가 떼었을 때 자국이 남는다.

5) 굽기

달걀물칠을 하고, 온도 204~213℃에서 굽는다. 온도가 낮으면 글루텐이 말라 신장성이 줄고, 증기압이 발생하여 부피가 작으며 묵직하다. 온도가 높으면 껍질이 먼저 생겨 글루텐의 신장성이 작은 상태에서 팽창이 일어나고 그 결과 제품이 갈라진다. 부피가 작고 기름기가 많다.

4. 무팽창

(1) 쇼트 페이스트리(파이)

〈반죽과자〉

반죽형 파이 반죽과자이며, 부풀림이 적고 타트의 깔개반죽으로 삼거나 건과자를 만드는 데 쓰인다.

1) 밀가루

표백하지 않은 중력분을 쓰는데, 제품 속의 색깔을 강조할 필요가 없으므로 경제적인 비표백 가루를 쓴다. 박력분 60%와 강력분 40%를 섞어 쓰기도 한다.

2) 유지

가소성이 높은 쇼트닝, 또는 파이용 마아가린을 쓴다. 높은 온도에서는 쉽게 녹지 않고, 낮은 온도에서 딱딱해지지 않으며, 풍미가 은은하고 안정성이 높은 유지가 알맞다.

3) 물

찬물은 유지의 입자를 단단히 묶어 액체에 녹지 않도록 작용한다.

4) 소금

다른 재료의 맛과 향을 살리며, 밀가루 100에 대하여 1.5~2.0%를 쓴다. 소금은 물에 다 녹여 넣어야 반죽에 고루 섞인다.

5) 설탕

밀가루의 2~4% 사용하며 껍질색을 짙게 한다.

6) 탄산수소나트륨(중조)

0.1% 이하의 양을 물에 풀고, pH를 높임으로써 껍질색을 짙게 한다.

7) 달걀물칠

달걀물을 칠하면 구운 색이 곱게 든다. 버터를 구운 후에 바르기도 한다.

8) 굽기

230℃ 전후의 높은 온도에서 굽는다. 아랫불 온도를 높인다.

(2) 과일충전물을 쓰는 파이

반죽을 15℃ 이하의 온도에서 4~24시간 휴지시킨다. 흔히 냉장고에 넣어 시간을 줄인다.

1) 껍질

커스터드 크림처럼 부드러운 충전물을 채울 반죽은 유지를 조금 쓰고, 더운물로 반죽한다. 밀가루, 쇼트닝, 소금, 설탕이 고루 섞인 뒤에 더운물을 넣어 글루텐을 발전시킨다.

2) 과일충전물

과일즙에 물과 전분을 넣고 끓여서 호화시킨 다음 설탕을 넣고 끓여 식힌다. 과일을 넣고 버무리는데, 과일은 가열하면 과일의 부피가 줄어 모양이 변하므로 가열하지 않는다.

내용물은 생과일 3kg에 65~70℃의 물 2kg을 넣고 만든다. 냉동과일이나 통조림은 과일에서 즙을 분리하고 즙에 전분을 넣고 조려 호화시킨 후 과일을 버무린다. 건조과일은 물에 불린 후에 사용한다.

3) 충전물용 농화제(Thickner)

옥수수전분, 타피오카 전분, 감자전 등을 사용한다. 사용목적은 충전물을 조릴 때 호화속도의 촉진, 윤기, 과일의 색과 향의 유지, 알맞은 농도 등을 얻기 위함이다. 전분은 시럽에 사용되는 설탕의 28.5%가 적당하며, 옥수수 전분은 타피오카 전분과 3 : 1의 비율로 섞어 사용하면 더 좋은 결과를 얻는다.

5. 쿠키(Cookies)

쿠키는 미국식 명칭이며, 영국에서는 비스킷, 프랑스에서는 샤블레, 독일은 게벡크, 타게베크, 한국은 건과자라 한다. 쿠키는 보통 커피, 차와 함께 먹는다. 쿠키는 밀가루, 달걀, 유지, 설탕, 팽창제을 사용하여 제조하며, 다양한 제품을 제조하기 위해 초콜릿, 견과류, 건조과일류 혼합하여 굽는다. 제과 반죽방법에 따라 분류하면 짜는 쿠키, 모양 틀로 찍는 쿠키, 냉동쿠키로 분류한다.

수분이 5% 이하로 적으며, 크기가 작은 과자를 말한다. 쿠키의 기본배합은 밀가루, 설탕, 유지의 비율이 300 : 100 : 200 또는 300 : 200 : 100 또는 300 : 150 : 150 등이다.

(1) 반죽형 반죽쿠키(Batter Type Cookies)

1) 드롭쿠키(Drop Cookie)

달걀의 사용량이 많으며 수분이 가장 많고 부드러운 쿠키이다. 소프트쿠키라고도 하며, 반죽을 짤주머니에 짜내어 굽는다. 촉촉한 상태가 마르지 않도록 보관한다.

2) 스냅쿠키(Snap Cookie)

달걀의 사용량이 적으며, 슈거쿠키라고도 한다. 반죽을 밀어 펴고 원하는 모양의 형틀로 찍어내어 낮은 온도에서 오랫동안 굽는다. 바삭한 상태가 유지되도록 보관한다.

3) 쇼트브레드 쿠키(Short Bread Cookie)

쇼트브레드 쿠키는 스냅 쿠키와 비슷한 배합이며, 쇼트의 사용량이 더 많다. 바삭거리면서도 부드러우며, 밀어펴서 만드는 쿠키류이다.

(2) 거품형 반죽쿠키(Foam Type Cookies)

1) 스펀지쿠키(Sponge Cookie)

밀가루를 많이 쓰는 수분이 적은 쿠키이다. 대표적인 것으로 레디핑거가 있다. 철판에 짜내고, 모양을 유지하도록 실온에서 말린 다음 굽는다. 스펀지쿠키는 스펀지케이크 반죽을 만드는 방법과 같다.

2) 머랭쿠키(Meringue Cookie)

흰자와 설탕으로 만든 쿠키이다. 밀가루는 넣더라도 흰자의 1/3 정도 소량 사용한다. 그 밖의 재료도 천천히 넣어 섞는다. 또한 구운 색이 들지 않고 안정성을 주기 위해, 낮은 온도에서 건조시키는 정도로 굽는다.

(3) 쿠키의 재료

1) 밀가루

달걀과 더불어 쿠키의 골격을 이루는 재료로 표백하지 않은 중력분, 또는 박력분과 강력분을 섞어 사용한다. 박력분을 쓰면 반죽이 많이 펴져 원하는 모양을 얻을 수 없기 때문에 강력분을 섞거나, 흰자를 많이 배합한다.

2) 설탕

반죽 속에서 녹지 않고 남아 있던 설탕의 결정체가 굽는 동안 오븐의 열을 받아 녹아서 반죽 전체에 퍼져서 쿠키의 표면적을 키운다. 쿠키의 퍼짐성을 결정짓는 요소는 설탕 입자의 크기이다. 아주 고운 설탕이나 굵은 설탕은 퍼짐성이 나쁘다. 보통의 설탕을 2번에 나누어 넣되 전체 설탕의 1/3은 마지막에 넣도록 한다.

3) 전화당, 시럽, 꿀

설탕 대신 넣을 수 있는데 5~10% 정도를 사용한다. 이때 조심할 점은 껍질색과 수분의 관계이다.

4) 유지

수소를 첨가한 표준 쇼트닝을 쓴다. 이것은 맛이 은은하고 저장성이 길다. 유화쇼트닝을 조금 섞어 쓰기도 하는데, 유화쇼트닝만 쓰면 쿠키반죽이 너무 퍼진다. 버터쿠키에는 버터나 마가린을 섞어 쓴다.

5) 달걀

쿠키의 골격을 유지시키고 스펀지쿠키와 머랭쿠키의 주재료가 된다.

6) 팽창제

쿠키의 퍼짐성, 크기, 부피와 속결의 부드러움 등을 조절한다. 또한 제품의 산도를 조절하는데, 반죽이 알칼리성이면 밀가루의 단백질이 약해져 쿠키가 잘 부서진다.

6. 튀김과자

도넛은 팽창방법에 따라 이스트로 발효하는 빵도넛과 화학팽창제를 사용하는 케이크도넛으로 분류한다. 또한 아이싱, 충전물을 넣고 모양을 다르게 성형하여 제품을 제조한다. 케이크 도넛류는 많은 재료를 사용하는데, 베이킹파우더와 같은 소량의 재료가 많고 제품의 오차 때문에 균일한 제품을 생산하기 위해 프리믹스를 사용하고 자동화설비로 효율성을 높인다.

(1) 도넛의 구조와 특성

1) 껍질

튀김기름에 바로 닿는 부분으로 수분이 거의 없어지고 기름이 많이 흡수된다. 황갈색이고 바삭거린다.

2) 껍질 안쪽

조직이 보통의 케이크와 비슷하다. 팽창이 일어나고 전분이 호화되고 유지가 조금 흡수된다.

3) 속부분

열이 다 전달되지 않아 수분이 많다. 저장기간이 경과하면 수분이 껍질 쪽으로 옮아간다. 그 결과 도넛에 묻힌 설탕이 녹고 바삭거림이 없어진다.

(2) 도넛의 재료

1) 밀가루

박력분 또는 강력분과 박력분을 섞어 중력분 상태로 쓴다. 도넛용 프리믹스에 쓰는 밀가루는 수분 함량이 11% 이하여서 수분 흡수율이 높다.

2) 설탕

반죽시간이 짧으므로 용해성이 큰 설탕을 쓴다. 껍질색을 짙게 하려면 5%의 포도당을 소량 쓰기도 한다.

3) 달걀

영양강화 물질이고 식욕을 돋우는 색을 낸다. 프리믹스에 쓰는 달걀은 동결건조한 노른자가루이다.

4) 유지

가소성의 경화쇼트닝을 쓰는데, 밀가루의 글루텐을 연화시킨다. 버터를 쓰면 향이 높아진다. 프리믹스에 쓰는 유지는 안정성이 높은 쇼트닝 종류를 쓴다.

5) 분유

흡수율이 높아져 글루텐의 구조가 튼튼해지며, 젖당이 반응하여 껍질색을 개선한다. 전지분유, 탈지분유 모두 쓸 수 있는데, 프리믹스에 쓰는 분유는 지방산패가 적은 탈지분유이다.

6) 팽창제

베이킹파우더가 짧은 반죽시간에도 고루 섞이므로 많이 쓰인다.

7) 향료

우리의 입맛에 가장 익숙한 향은 바닐라향이며, 향신료로서 넛메그, 메이스 등을 쓴다.

(3) 튀김기름

1) 기름

튀김용 기름이 갖추어야 할 조건은 이물질이 없으며 중성으로 수분함량이 0.15% 이하여야 한다. 오래 튀겨도 산화와 가수분해가 일어나지 않으며 230℃ 정도의 발연점이 높은 것이 좋다.

2) 튀김온도

도넛의 튀김온도는 185~196℃가 적당하다. 튀김온도는 온도계를 사용하여, 물을 한 방울 기름에 떨어뜨려 보아 유리 깨지는 소리가 나는 점, 또는 도넛 반죽을 기름에 넣어 보고 금방 표면으로 떠오를 때의 온도로 한다.

3) 튀김기름의 양

튀김기에 붓는 기름의 평균 깊이는 12~15cm이다. 도넛이 튀겨지는 범위는 5~8cm가 적당하다. 기름이 적으면 도넛을 뒤집기 어렵고, 과열되기 쉽다. 기름이 많으면 튀김온도로 높이는 데 시간이 많이 걸리고 기름이 낭비된다.

(4) 마무리

1) 슈거파우더

도넛 표면에 분설탕을 뿌리고 젤리, 잼, 크림 등을 충전한다. 설탕은 웬만큼 식힌 뒤에 뿌려야 녹지 않는다.

2) 아이싱

아이싱은 도넛이 따뜻한 동안에 묻혀야 골고루 많이 묻는다. 이때 도넛이 너무 뜨거우면 도넛이 아이싱의 일부를 흡수하여 건조시간이 많이 걸리고, 식은 뒤 아이싱이 떨어져 나가기 쉽다.

(5) 도넛의 문제점

1) 설탕의 변화

시간이 경과하거나, 보관온도가 높을 때 도넛 내부의 수분이 껍질로 옮아간 결과 설탕이 녹는다. 도넛에 묻힌 설탕이나 글레이즈가 수분에 녹아 시럽처럼 변하는 현상이 일어나는데 이를 발한(Sweating)이라 한다.

2) 색깔의 변화

기름이 신선하면 노랗게, 오래 쓴 기름이면 회색으로 바뀐다. 튀김기름에 스테아린(Stearin)은 경화제로서 기름의 3~6% 정도를 첨가하면 설탕의 녹는점을 높여 기름의 침투를 막는다.

3) 포장

도넛의 수분은 21~25% 범위로 유지하여 포장하여야 한다. 튀김시간을 늘리거나, 설탕 점착력이 높은 튀김기름을 사용한다.

4) 글레이즈

글레이즈는 케이크, 도넛류 제품에 반짝거림과 광택을 주며, 건조를 방지하기 위해서 사용하는 투명한 코팅이다. 가장 간단한 글레이즈는 설탕 시럽을 사용하며 따뜻할 때 제품에 사용한다. 금이 가면서 부서지면 수분이 많이 빠져나간 결과이다. 설탕의 일부를 포도당이나 전화당 시럽으로 바꿔서 쓰거나, 안정제 또는 한천, 젤라틴, 펙틴 등을 설탕의 0.25~1%가량 사용한다.

01-3 ▶ 제빵공정

1. 재료계량

제빵작업의 첫 단계로 배합 비율에 맞게 재료를 정확히 저울에 무게(Weighing)를 계량하여 준비하는 것을 말한다.

2. 반죽

믹싱의 목적은 배합재료를 고르게 분산시키고 밀가루에 물을 충분히 흡수(Mixing)시켜 밀 단백질을 결합시키기 위함이다.

(1) 반죽의 단계

1) 픽업단계(Pickup Stage)

저속으로 반죽기가 돌아가서 밀가루가 물과 섞여 진흙과 비슷한 상태이다. 데니시 페이스트리는 1단계까지 반죽을 한다.

2) 클린업 단계(Clean-up Stage)

완전수화로 반죽이 손에 붙지 않고 글루텐이 생성되어 덩어리를 이룬다. 이번 단계에서 유지를 투입하는 것이 좋다. 프랑스빵이나 냉동빵은 2단계까지만 반죽을 한다.

3) 발전단계(Development Stage)

글루텐이 60% 이상 진행되어 반죽의 탄력성이 최대가 되며 이때 믹서의 벽을 치는 소리가 나고 믹서의 최대 에너지가 필요하다. 프랑스빵은 3단계까지 반죽을 한다.

4) 최종단계(Final Stage)

글루텐과 마지막까지 결합하는 단계로, 신장성이 최대로 얇게 펴지고, 반투명하며, 반죽의 안벽 치는 소리가 요란하다. 식빵은 4단계까지 반죽을 한다.

5) 렛다운 단계(Letdown Stage)

100%의 반죽단계를 넘어 생성된 글루텐이 끊기며, 점성이 생기는 오버믹싱의 단계이다. 잉글리시머핀, 햄버거 등은 5단계까지 반죽을 한다.

6) 브레이크다운 단계(Break Down Stage)

글루텐이 완전히 파괴되고 탄력성과 신장성이 줄어들어 제빵성을 상실한 상태를 말한다. 이러한 반죽을 구우면, 오븐스프링이 일어나지 않고 외부와 속결이 거칠고 신맛이 난다. 여기서 단백질과 전분이 효소 프로티아제(Protease)와 아밀라제(Amylase)에 의해 파괴되고 액화된다.

(2) 반죽의 온도

1) 마찰계수

= 3 × 결과반죽온도 − (밀가루온도 + 실내온도 + 수돗물온도)

2) 계산된 물온도

= 3 × 희망반죽온도 − (밀가루온도 + 실내온도 + 마찰계수)

3) 얼음사용량

= 물사용량(수돗물온도 − 계산된 물온도)/(수돗물온도 + 80)

(3) 반죽의 시간

설탕, 소금, 분유를 첨가할 시, pH가 높을수록 반죽시간이 증가한다. 또한 밀가루의 질이 좋거나 양이 많을 시 반죽시간이 증가한다.

(4) 반죽의 흡수율

1) 밀가루

밀가루의 양이 1% 증가 시 흡수율도 1% 증가한다.

2) 탈지분유

탈지분유의 양이 1% 증가하면 반죽의 흡수율도 1% 증가한다.

3) 설탕

설탕의 양이 5% 증가하면 흡수율은 1% 감소한다.

4) 소금

소금이 증가하면 흡수율은 감소한다.

5) 온도

온도가 5℃ 올라가면 흡수율이 3% 감소한다.

3. 1차발효(Fermentation)

1차발효 조건은 온도 27~30℃, 습도 75~80% 정도로 유지하며 60~90분간 발효한다. 일반적으로 발효온도가 1℃씩 오를 때마다 발효시간은 20분 정도 감소되며, 효모의 최적조건은 당이 5%, 소금이 1% 이하, pH가 4.7 정도일 때이다. 1차 발효는 원료의 혼합과 동시에 시작부터 굽기 단계 과장에서 이스트가 불활성화될 때까지 진행된다.

4. 분할(Dividing)

분할이란 1차 발효가 끝난 상태의 반죽을 각각의 제품 무게만큼 분할하는 일이다. 반죽은 분할하는 과정 중에도 발효과정이 계속 진행되어 분할하는 반죽에 숙성도 차이가 생기며, 최대한 빠른 시간 내에 분할한다.

5. 둥글리기(Rounding)

분할할 때 빠져나간 가스의 회복과 중간 발생한 가스의 보유를 위해 반죽을 둥글게 공모양으로 만드는 것(Rounding)을 말한다. 둥글리기의 목적은 흐트러진 글루텐을 재정돈시키고 가스를 균일하게 분산하여 내상을 균일하게 하며, 덧가루(Dusting Flour)의 사용은 빵 내상 및 줄무늬 모양이 생성되지 않도록 최소로 사용해야 하고, 제품을 손상시키며 저장에 나쁜 원인으로 작용하지만 다음 공정을 용이하게 한다.

6. 중간발효(Bench Time)

둥글리기 이후 중간발효를 하는 목적은 둥글리기 한 반죽을 성형하기 전에 반죽의 글루텐을 회복하고, 이산화탄소 가스를 보유하고, 밀어펴기, 성형과정 중 반죽이 찢어지지 않도록 하기 위해 휴식을 갖게 하기 위해서이다.

성형과정에 들어가기 전까지 휴식을 갖게 하는 것을 중간발효(Intemediate Proof)라고 하며, 보통 벤치타임(Bench Time)이라고 한다. 목적은 성형하기 쉽도록 하고, 분할 둥글리기를 거치면서 굳은 반죽을 유연하게 만들기 위해서이다. 중간발효는 27~29℃의 온도와 습도 70~75%의 조건에서 보통 10~20분간 실시되며 중간발효 동안 반죽은 잃어버린 가스를 다시 포집하여 탄력 있고 유연성 있는 성질을 얻는다.

7. 성형(Moulding)

중간발효가 끝난 반죽을 밀어 펴서 일정한 모양으로 만드는 과정을 성형(Moulding)이라 하며, 최종적으로 빵의 모양을 내는 공정이다. 이 과정 중에서 가스가 빠져나가는데, 이는 반죽 내의 크고 작은 기포를 균일화시켜 제품 내부의 기공을 균일하게 하기 위함이다.

(1) 비용적

비용적이란 반죽 1g이 오븐에 들어가 팽창할 수 있는 부피(cm^3)를 말한다. 식빵의 비용적은 3.36cm^3/g이며, 풀먼브레드는 3.4~4.0cm^3/g이다.

(2) 반죽의 적정분할량

틀에 넣을 반죽의 적정량은 틀의 용적을 비용적으로 나누어 계산할 수 있다.

8. 패닝(Panning)

성형이 다 된 반죽을 굽기 전에 원하는 모양틀이나 철판에 올려놓는 것(Panning)을 말한다. 철판의 온도는 30℃가 이상적이며 철판의 온도가 너무 높을 경우 빵이나 케이크가 처지는 경우가 발생하며 너무 낮은 경우 2차발효가 느리고 팽창이 고르지 못하게 되므로, 과다한 팬오일은 피하며 발열점이 높은 것이 좋다.

9. 2차발효(Second Fermentation)

프루핑(Proofing), 또는 최종발효(Final Proofing)라고 하며 성형공정(Second Proofing)을 거치면서 가스가 빠진 반죽을 다시 부풀리게 하고, 주위의 온도를 높여 이스트 활성을 촉진시키며, 숙성도와 신장성을 높여 반죽의 상태를 발전시키는 단계를 말한다. 발효손실은 1~2% 정도 된다.

2차발효에 적당한 온도는 38~43℃이며, 습도는 85~95%이고, 발효시간은 30~60분이 적당하다. 이때 이스트가 활성화되어 반죽의 산미, 알코올 냄새 등이 생기게 된다. 밀가루의 질이 좋을 때, 비용적이 적을 때 오븐팽창이 잘되며 옥수수, 건포도를 첨가하면 발효가 덜 된다.

① 식빵, 과자빵 : 2차발효 조건은 온도가 38℃, 습도는 85%이다.

② 하스브레드 : 온도는 32℃, 습도는 75%이다.

③ 도넛 : 온도는 32℃, 습도는 65~70%가 적당하다.

④ 데니시 페이스트리 : 온도는 27~30℃, 습도는 75~80%가 적당하다.

⑤ 크루아상 : 온도는 27℃, 습도는 70%이다.

10. 굽기(Baking)

제빵에서 굽기 과정은 가장 중요한 과정 중의 하나이다. 반죽 이후 2차 발효까지 계속된 생화학적 반응이 굽기 이후에 정기되며 단백질과 전분 등이 열에 의해서 변성되어 가볍고 소화가 잘되는 제품을 만든다. 반죽을 오븐에 넣으면 다음의 과정을 거쳐 빵의 전분이 호화된다.

(1) 오븐라이즈

2차 발효가 끝난 빵 반죽을 오븐에 넣고 반죽의 내부 온도가 60℃ 이하 상태로, 이스트가 활동 반죽 속에 가스가 만들어져 반죽의 부피가 커지는 현상이다.

(2) 오븐스프링

빵 반죽온도가 49℃에 도달하면 반죽이 급격하게 부풀어 처음 크기의 1/3 정도로 팽창하며, 빵 반죽 표면의 가스압이 증가하고, 용해 탄산가스와 알코올 기화로 글루텐의 연화, 전분의 호화, 가소성화가 팽창에 도움을 준다.

(3) 전분의 호화

굽기 중 전분입자는 40℃에서 팽창하기 시작하고 56~60℃에 도달하면 유동성이 떨어지고 전분의 팽윤과 호화 과정에서 전분입자는 빵 반죽 중의 단백질과 유리수와 결합된 물을 물을 흡수하여 호화가 시작된다.

(4) 효소의 활동

온도가 65~95℃가 되면, 효소의 활동으로 74℃에서 글루텐이 응고되며, 79℃에서 알코올이 생성된다.

(5) 굽기손실

굽기 손실이란 반죽 상태에서 굽기 이후 빵의 상태로 구워지는 시간 동안에 무게가 줄어드는 현상이며, 굽기 과정 중 여러 요인이 있다. 스팀분사, 제품의 크기, 배합률, 굽는 온도, 굽기시간, 스팀분사 상황 여부에 따라 다르다.

손실률 = (반죽무게 − 빵의 무게)/반죽무게 × 100(%) 굽는 시간

1) 식빵

식빵은 180~200℃에서 30분 정도 굽는 것이 가장 이상적이며, 우유식빵은 빨리 타므로 주의해야 한다.

2) 풀먼브레드

풀먼브레드는 180~200℃에서 뚜껑을 덮고, 40분 정도 충분히 구워야 가장 맛있다.

3) 하드롤

물을 뿜어가며 200℃ 이상의 온도에서 30분 정도 구워야 가장 먹음직스럽게 구워진다.

4) 과자빵

과자빵은 윗불 210℃, 아랫불 160℃ 정도에서 약 10분가량 굽는다.

11. 식히기

일반적으로 냉각손실은 2% 정도이며, 빵 속의 온도는 35~40℃, 습도는 38%로 될 때까지 식힌다. 금방 구워내었을 때의 빵 내부의 온도는 100℃, 수분은 45%이며, 껍질의 온도는 130℃, 습도는 12%이다.

12. 저장

빵을 저장할 때에는 21~35℃가 최적상태이며, 모노글리세리드 같은 유화제, 프로피온산나트륨 같은 보존료를 넣으면 전분의 노화를 지연시킬 수 있다.

과자와 빵의 분류

과자는 주로 기호식품으로 맛을 즐기는 반면 빵은 주식 대용이 가능한 제품이다. 제빵과 제과를 분명하게 구분하는 기준이 설정되지 않아서 제과제빵을 분류하기가 모호한 제품이 많지만, 빵류와 케이크를 구별하는 방법은 설탕 배합량이 많고 적음, 밀가루 종류, 반죽의 물리적 상태, 이스트의 사용 여부에 따른 기준으로 한다.

1. 과자의 분류

과자반죽의 분류는 반죽 속의 기포를 어떤 방법으로 형성시키느냐에 따라 화학적 팽창제품, 물리적(공기) 팽창제품, 유지에 의한 팽창제품 등으로 나눈다. 과자반죽을 만드는 방법에 따라 반죽형 반죽제품, 과자류의 분류 중 같은 과자반죽이라고 해도 팽창형태, 가공 형태, 익히는 방법, 지역적 특성, 수분 함량에 따라 다양하게 분류할 수 있다.

(1) 팽창방법에 따른 분류

1) 화학적 팽창방법(Chemically Leavened)

베이킹파우더, 소다 같은 첨가물을 사용하여 화학적 반응을 일으켜 반죽을 팽창시키는 방법으로 반죽형 케이크 반죽이 대부분 이 반죽 방법에 속한다. 레이어케이크, 케이크도넛, 케이크머핀, 와플, 팬케이크, 파운드케이크, 과일케이크 등이 있다.

2) 물리적 팽창방법(Air Leavened)

달걀을 이용하여 반죽 거품을 일으켜 반죽 속에 공기를 형성시켜 오븐에서 열을 가해 팽창시키는 방법이다. 스펀지케이크, 엔젤푸드케이크, 시폰케이크, 머랭, 거품형 반죽쿠키 등이 있다.

3) 유지에 의한 팽창방법(Fat Leavened)

밀가루 반죽 속에 충전용 유지를 넣고 접어 밀어 펴기를 반복하여 여러 모양을 내어 굽는 동안 유지층이 들떠 부풀도록 한 방법이다. 퍼프 페이스트리가 있다.

4) 무팽창방법(Not Leavened)

반죽 속의 수증기압에 의해 팽창시키는 방법이다. 타르트의 깔개반죽, 쿠키, 비스킷 등이 있다.

5)복합형 팽창방법(Combination Leavened)

여러 종류의 팽창방법을 이용한 것으로 공기팽창과 이스트, 공기팽창과 베이킹파우더, 이스트와 베이킹파우더 등 공기팽창과 화학팽창을 복합한 형태이다.

(2) 과자 반죽형태에 따른 분류

1) 반죽형 과자 반죽

유지를 배합한 반죽으로 만든 제품이다. 각종 레이어케이크, 파운드케이크, 과일케이크, 마들렌, 바움구헨 등이 있다.

2) 거품형 반죽제품

달걀 단백질의 기포성과 유화성, 열에 대한 응고성을 이용한 제품이다. 스펀지케이크, 엔젤푸드케이크, 머랭 등이 있다.

3) 수분함량에 따른 분류

- 생과자 : 수분이 30% 이상인 과자를 말한다.
- 건과자 : 수분이 5% 이하인 과자를 말한다.

4) 가공형태에 따른 분류

- 케이크류 : 반죽형 제품, 거품형 제품, 시퐁형 제품이 있다.
- 장식용 케이크류 : 케이크시트에 여러 가지 모양을 그리거나 장식한 제품을 말한다.
- 공예과자 : 과자를 이용하여 예술적 기교를 가미한 먹을 수는 없는 제품을 말한다.
- 초콜릿과자 : 초콜릿을 이용하여 여러 가지 모양으로 만든 제품이다.
- 캔디 : 설탕을 주재료로 사용하여 만든 제품이다.

5) 익히는 방법에 따른 분류

- 구움과자 : 일반적인 과자를 말한다.
- 튀김과자 : 도넛류가 대표적이다.
- 냉과 : 차갑게 식히거나 굳혀서 먹어야 제맛을 내는 제품이다. 무스류, 푸딩, 망고, 바바루아 등이 있다.

6) 지역적 특성에 따른 분류

- 한과 : 우리나라의 전통적인 과자이다.
- 화과자 : 일본의 전통적인 과자이다.
- 중화과자 : 중국의 전통적인 과자이다.
- 양과자 : 서구 여러 나라의 과자이다.

2. 빵의 분류

빵은 밀가루와 물, 이스트, 소금을 주재료로 하고 제품에 따라 유제품, 당류, 달걀, 유지 등을 첨가하여 배합한 후 반죽을 발효시킨 다음 굽기, 찜, 튀김으로써 익힌 것이다. 빵은 이와 같이 사용하는 재료와 익히는 방법 또는 다양한 첨가물을 사용함에 따라 다음과 같이 분류할 수 있다.

(1) 식빵류

밀가루를 주재료로 하고 주식 대용으로 사용되는 제품이다.

- 틀구이빵(팬브레드) : 원로프, 이봉형, 산봉형식빵, 풀먼브레드, 전밀빵, 건포도식빵, 호밀빵, 옥수수식빵 등이 있다.
- 직접구이빵(하스브레드) : 프랑스빵(바게트, 파리지앵), 영국빵(코버그), 이탈리아빵(로제타), 독일빵(슈와츠) 등이 있다.
- 철판구이용 : 소프트 롤, 버터 롤 등이 있다.

(2) 과자빵류

설탕, 유지류가 식빵류보다 많이 첨가된 빵이다.

- 일반적인 과자빵 : 단팥빵, 팥앙금빵, 크림빵, 잼빵 등이 있다.
- 스위트류 : 미국식 빵류, 스위트 롤, 커피케이크, 번즈 등이 있다.

- 고배합류 : 브리오슈, 크루아상, 데니시 페이스트리, 파네토네 등이 있다.

(3) 특수빵

일반적으로 오븐에서 굽기를 한 제품 외에 찜류, 튀김류, 2번 구운 빵류이다.

- 오븐에서 굽는 제품 : 머핀, 스콘, 후르츠빵류, 넛(nut)류, 건빵류, 각종 농수산물을 이용한 빵 등이다.
- 2번 굽는 제품 : 러스크(츠비바크, 비스코트, 토스트 등), 브라운 서브 롤 등이 있다.
- 스팀으로 찌는 제품 : 중화만주(찐빵)가 대표적이다.
- 기름으로 튀기는 제품 : 도넛류가 대표적이다.

(4) 조리빵류

요리와 조합된 제품으로 영국의 샌드위치, 이태리의 피자, 미국의 햄버거, 인도의 카레빵, 러시아의 피로시키 등이 대표적이다.

02-2 과자 반죽법 및 제빵법

1. 과자 반죽법

케이크 반죽을 만들 때 가장 기본적으로 필요한 과정은 반죽의 비중을 맞추는 일이다. 케이크와 과자의 특성에 따라 적정한 비중은 각각 다르지만 같은 무게의 반죽이면서 비중이 높으면 제품의 부피가 작고 기공이 조밀하며, 비중이 낮으면 제품의 부피가 크고 반죽에 공기가 많이 포함되어 조직이 거칠다.

(1) 반죽형 반죽(Batter Type Paste)

반죽형(Batter) 반죽의 특징은 유지와 설탕을 혼합하여 크림을 만든 후 건조 원료를 넣어 반죽하는 것이다. 반죽형 반죽에 의해 만들어진 것으로 파운드케이크, 마블케이크, 과일케이크, 마들렌 등을 들 수 있다. 반죽형 반죽을 만드는 방법에는 크림법, 블렌딩법, 설탕물반죽법, 단단계법 등이 있다.

1) 크림법(Creaming Method)

반죽형 반죽, 즉 배터형(Batter Type) 케이크의 대표적인 반죽법으로 가장 기본적이고 안정적인 제법이다. 유지와 설탕을 섞어 크림상태로 만든 다음 달걀, 우유 같은 액체 재료를 섞고, 밀가루와 베이킹파우더를 체에 쳐서 가볍게 섞는다. 이 방법은 부피가 큰 케이크를 만들 때 많이 쓰이는데, 주의할 점은 밀가루와 물을 가볍게 섞어주어 글루텐이 형성되지 않도록 해야 한다는 것이다.

2) 블렌딩법(Blending Method)

믹싱볼에 밀가루와 유지을 넣고 밀가루가 유지에 의해 코팅되도록 하고 이후 건조 재료, 액체재료을 혼합하여 부드럽고, 균일한 상태로 반죽하는 방법이다. 유지로 코팅되어 반죽의 글루텐이 형성되지 않기 때문에 반죽이 부드럽고, 유연감이 좋고, 부피가 낮으며 파이 껍질 등 부피가 많이 형성되지 않는 제품을 만드는 과정에 사용한다.

3) 설탕물 반죽법(Sugar/Water Method)

계량의 편리성과 질 좋은 제품을 생산할 수 있기 때문에 양산업체에서 많이 쓰는 방법으로, 먼저 설탕 2 : 물 1을 합하여 액당을 만든 다음 건조 재료를 넣고 달걀을 넣어 반죽한다. 설탕 입자가 없어 제품이 균일하고 속결이 곱고, 포장 공정의 단순하여 포장비 절감 등이 장점인 반면, 액당 저장탱크, 이송파이프 등 시설투자 비용이 많이 드는 단점도 있다.

4) 단단계법(Single Stage Method)

단단계법은 제품에 모든 재료를 한 번에 넣고 반죽하는 방법으로 노동력과 제조시간, 대량생산이 가능하다. 단점은 성능이 좋은 믹서를 사용해야 하고, 팽창제나 유화제를 사용하는 것이 좋으며, 믹싱시간에 따라서 반죽의 특성도 달라진다.

(2) 거품형 반죽(Foam Type Paste)

거품형 반죽은 달걀을 이용하여 기포를 만들어 부풀리고 이것을 오븐에 구워 더욱 더 팽창시킨 것이다. 스펀지케이크는 밀가루에 달걀을 섞어 만든 반죽이고, 엔젤푸드케이크는 밀가루에 달걀 흰자만을 넣은 반죽이다. 거품형 반죽법에는 제누아즈법, 공립법, 별립법, 머랭법 등이 있다.

1) 제누아즈법(Genoise Method)

스펀지케이크 반죽에 유지를 넣어 만드는 방법으로 이탈리아의 제노아라는 지명에서 유래되었다.

2) 공립법(Foam Method)

달걀 흰자와 노른자를 섞어 풀어준 다음 설탕을 함께 넣어 기포하는 방법으로 일반적으로 가장 많이 쓰는 방법이다. 공립법에는 더운 방법(Hot Mixing Method)와 찬 방법(Cold Mixing Method)의 두 가지가 있다. 더운 방법은 달걀과 설탕을 중탕해서 온도를 37~42℃로 맞춘 다음 기포를 올리는 방법이며, 찬 방법은 달걀을 그대로 차가운 상태에서 기포를 올리는 방법이다.

3) 별립법(Two Stage Foam Method)

달걀 흰자와 노른자를 분리해서 그 각각에 설탕을 넣어 기포를 낸 다음, 건조 재료와 향료 등을 함께 섞는 방법이다. 기포가 단단하기 때문에 짤주머니로 짜서 굽는 제품에 많이 이용하며, 다른 재료와 함께 흰자반죽과 노른자 반죽을 혼합하기 때문에 제품의 부피가 크고 부드럽다.

4) 머랭법(Maringue Method)

달걀 흰자와 노른자를 분리하여 각각 설탕을 넣어 머랭을 만드는 방법이다. 머랭은 이탈리아 북부 마렌코(Marenco) 지방에서 유래된 흰자 거품의 제품으로 동물, 꽃, 인형 등 여러 가지 모양을 만들거나 샌드용 크림으로 널리 사용한다.

(3) 시퐁형 반죽(Chiffon Type Paste)

달걀의 노른자와 흰자를 분리시켜 흰자로는 거품형의 머랭을 만들고, 노른자는 거품을 내지 않고 섞어서 화학적 팽창제로 부풀린 반죽을 말한다. 기공과 조직은 거품형 반죽과 비슷하며 이 방법으로 만든 제품으로는 시퐁파이, 시퐁케이크 등이 있다.

2. 제빵법

빵을 만드는 방법은 대체로, 직접반죽법(스트레이트법), 중종반죽법(스펀지법), 액종법, 연속제빵법 등으로 나눌 수 있는데 원하는 제품을 만들기 위해서 필요한 방법을 적절히 선택해야 한다.

(1) 직접반죽법(Straight Dough Method)

직접반죽법은 스트레이트법이라 부르며 제빵법 중에서 가장 기본이 되는 방법이다. 모든 재료를 한꺼번에 섞어 반죽하기 때문에 공정이 간단하고, 경제적이나 반죽관리 면에서 융통성이 떨어진다. 일반적인 공정을 살펴보면 다음과 같다. 반죽온도는 보통 27℃를 유지해야 하며 1차발효조건으로 온도는 27℃, 습도는 75~80%로 반죽이 처음 부피의 2.5~3배가 될 때까지 발효시킨다. 중간발효와 성형 후 2차발효를 거치게 되는데 온도는 38~40℃, 습도는 85~90%에서 1시간 정도 발효시킨 후 오븐에서 굽게 된다.

(2) 중종반죽법(Sponge Dough Method)

일명 스펀지법이라고 하는 중종반죽법은 반죽과정을 두 번 행하는 방법이다. 먼저 밀가루의 50% 이상에 이스트와 물을 섞어 반죽한 중종(Sponge)을 2~5시간 발효시킨 뒤에, 남은 밀가루와 부재료를 물과 함께 섞어 반죽하게 되는데 나중의 반죽을 본반죽(Dough)이라고 한다. 시간이 많이 걸리지만 제품이 부드럽고 작업공정에 융통성이 있다는 장점이 있다.

(3) 액종법(Brew Process)

액체발효법이라고 하는데 설탕이 포함된 액체에 이스트를 넣어 미리 발효시킨 다음 나머지 재료를 넣고 반죽하는 방법이다. 이 방법은 미국의 분유연구소에서 처음 개발한 것으로 중종법의 결함을 개선하기 위해서 중종 대신 액종을 만들어 사용한다.

(4) 연속식 제빵법(Continuous Dough Making Method)

1940년대 미국에서 개발된 방법으로 액종법에서 파생된 제법이다. 특수 장치를 사용해서 반죽, 분할, 성형 등의 공정을 자동적으로 연속해서 행하는 방법이다. 이 방법은 설비, 공장 면적, 인력 감소 등의 장점이 있으나 제품 품질 면에서 다소 떨어지는 단점이 있다.

(5) 기타 제빵법

1) 비상스트레이트법(Emergency Dough Method)

기계 고장과 같은 비상 상황이 벌어지거나 작업에 차질이 생겼을 때, 제조 시간을 단축시킬 목적으로 사용한다. 이 방법은 스트레이트법에서 변형된 것으로 반죽 시간을 20~30% 정도 증가시키고, 반죽온도를 30℃로 높이며, 이스트의 사용량을 2배로 늘려서 발효 속도를 촉진시킨다. 짧은 시간에 제품을 만들 수 있는 장점이 있으나 제품의 질이 떨어지며 노화속도가 빠른 단점이 있다.

2) 노타임 반죽법(No Time Dough Method)

1차 발효 과정을 거치지 않고 분할, 성형하는 하는 직접법의 일종으로 무발효법으로 환원제와 산화제를 사용하여 반죽 시간과 발효 시간을 단축하는 방법이다. 단시간에 제품을 만들 수 있는 장점이 있으나 발효내구성과 풍미가 떨어지는 단점이 있다.

3) 재반죽법(Remixed Straight Dough Method)

직접법에서 변형된 것으로 스펀지법의 장점을 도입한 방법이다. 먼저 사용할 물의 8~10%를 제외하고, 모든 재료를 함께 섞어 스펀지를 만들고, 2~3시간 발효시킨 후에 나머지 물을 더하여 재반죽한다. 반죽의 기계 적성이 좋으며 제품의 질이 균일하고 풍미가 좋은 장점이 있다.

4) 찰리우드법(Charleywood Dough Method)

영국의 찰리우드(Charleywood) 지방에 위치한 빵공업연구회의 연구 결과 개발된 방법으로 발효를 하지 않고, 산화제와 기계적인 초고속방법으로 반죽을 만드는 방법이다. 단시간에 반죽하기 때문에 공정 시간이 줄어드는 장점이 있으나 제품의 풍미가 떨어지며 손상 전분이 증가하는 단점이 있다.

5) 냉동반죽법(Frozen Dough Method)

냉동반죽법은 1차발효를 끝낸 반죽을 −18~−25℃에 냉동 저장하는 방법이다. 보통 반죽보다 이스트의 사용량을 2배 정도 늘려야 하며 설탕, 유지, 달걀의 사용량도 증가시켜야 한다. 분할, 성형하여 필요할 때마다 쓸 수 있어 편리하나 냉동조건이나 해동조건이 적절치 않을 경우 제품의 탄력성과 껍질 모양 등이 좋지 않거나 풍미가 떨어지고 노화가 쉽게 되는 단점이 있다.

냉동반죽법의 다양한 형태

구분	내용	장단점
반죽냉동	1차발효를 마친 상태에서 급속 냉동	품질이 양호하나 이후의 과정이 편의성 부족
분할냉동반죽	1차발효를 마친 상태에서 분할 및 둥글리기 후 급속냉동	해동시간이 짧은 것이 장점. 다양한 종류에 적용 가능
성형냉동반죽	성형 후 냉동한 반죽	해동-2차발효-굽기과정으로 편의성이 뛰어나고 양산업체 사용방식(RTP)
발효냉동반죽	2차발효까지 완성된 반죽을 냉동	품질관리에 난점, 페이스트리 반죽에 다양하게 활용
파베이킹(Par Baking)	2차발효 완료 후 초벌구이된 상태의 제품	재벌굽기 과정만 하거나 업장 고유의 토핑 과정만 필요하므로 편의성 극대화
완제품 냉동	완제품의 냉동	제과와 제빵 차이점 발생 단순, 재가열의 방법으로 소비가능

02-3 ▸ 제과제빵 재료

1. 밀가루(Flour)

밀은 인류가 농경생활을 시작한 약 1만 5천 년 전에 나타난 것으로 우리나라에 들어온 것은 2500~3000년 전경으로 추정된다. 밀을 단백질 함량에 따라 강력분, 중력분, 박력분으로 구분할 수 있다. 제빵용으로 사용되는 밀은 경질밀로 강력분인데 단백질의 함량이 13~14%, 최소 10.5% 이상이 요구되며, 회분 0.4~0.5%가 된다. 과자나 케이크를 만들기에 적합한 밀은 연질밀이며, 박력분으로 단백질의 함량이 7~9%이고, 0.4% 이하의 회분을 함유하고 있다.

강력분에는 단백질의 일종인 글루텐의 함량이 높아서, 이스트에 의해서 발생된 가스를 조직 내에 잘 보유하며 빵에 점탄성을 부여한다. 또한 단백질 함량이 높은 경질

밀은 연질밀에 비해 조밀하고 단단하다.

2. 달걀(Egg)

우리나라에서는 대부분 생달걀을 이용하지만 최근에 와서는 제과제빵 재료로 냉동달걀, 분말달걀을 개발하여 사용하고 있다. 달걀은 전체 무게를 100으로 보았을 때 껍질이 10.3%, 흰자 59.4%, 노른자 30.3%로 구성되어 있다. 빵이나 과자 배합에 달걀을 첨가할 경우 달걀의 수분량 75%를 계산하여 그 분량만큼 물을 제거한다.

(1) 난백의 기포성

제과제빵에서 달걀 흰자는 단백질의 피막을 형성하여 믹싱 중에 공기를 포집하여 불리는 팽창제의 역할을 한다. 달걀 흰자를 기포할 때 용기에 기름기가 없어야 하며 너무 차가운 상태의 달걀을 사용하면 지방이 굳어 믹싱 시간이 길어지므로 유의하여야 한다. 달걀 흰자를 강하게 저으면 기포가 생기는데, 이것은 흰자에 들어 있는 Ovomucin, Ovoglobin, Conalbumin 등의 단백질이 흰자를 저을 때 들어간 공기를 둘러싸기 때문이다. 설탕은 거품을 안정시키므로 마지막 단계에서 넣어야 하며, 이 기포성을 이용하여 스펀지케이크, 머랭 등을 만든다.

1) 선도의 영향

오래된 달걀은 농후난백보다 수양난백이 많아 신선한 달걀보다 거품이 잘 일어난다. 그러나 거품의 안정성은 적다.

2) 온도의 영향

난백이 응고되지 않는 30℃ 정도에서 가장 거품이 잘 일어난다.

3) 첨가물의 영향

설탕은 거품을 안정시키므로 거품을 완전히 낸 후 마지막 단계에서 넣어주면 거품이 안정된다. 또 기름을 넣으면 거품이 현저히 저하되고 안정성도 적다.

(2) 달걀의 보관

달걀은 껍질이 거친 것이 신선한 것이며 밝은 불에 비추어 보아서 노른자가 구형이고, 중심에 자리 잡고 있으며 6~10%의 소금물에서 가라앉는 것이 좋다. 달걀을 보관할 때는 냉장보관을 원칙으로 하며 깨진 달걀은 가능한 즉시 사용하는 것이 바람직하다.

3. 우유(Milk)

우유는 영양가가 좋은 완전 식품으로 수분이 87.5%, 고형물이 12.5%로 고형물 중의 3.4%가 단백질이다. 우유 단백질의 75~80%는 카세인으로 열에 강해 100℃에서도 응고되지 않으나, 유장단백질인 락트알부민과 글로불린은 열에 약하다. 제빵에서 우유는 빵의 속결을 부드럽게 하고 글루텐의 기능을 향상시키며 우유 속의 유당은 빵의 색을 잘 나게 한다. 제과에서 우유는 제품의 향을 개선하고 껍질색과 수분의 보유력을 높인다.

4. 물(Water)

밀가루, 소금, 이스트 외에 빵을 만드는 데 반드시 필요한 요소인 물은, 반죽의 특성을 좌우할 뿐만 아니라 제품의 품질에도 큰 영향을 미친다. 제빵에서 물의 경도는 발효 및 반죽에 지대한 영향을 미치게 되며 빵을 만들기에 적합한 물은 아경수이다. 물의 경도란 물에 녹아 있는 칼슘염과 마그네슘염의 양을 탄산칼슘의 양으로 환산한 값을 ppm으로 표시한 것이다. 제빵과 관련하여 물을 경도에 따라 분류하면 연수

(1~60ppm), 아연수(61~120ppm), 아경수(121~180ppm), 경수(180ppm 이상) 등으로 구분할 수 있다. 연수는 글루텐을 약화시켜 연하고 끈적거리는 반죽을 만들기 때문에, 연수를 사용하여 제빵할 때에는 이스트푸드와 소금의 사용량을 늘려야 한다.

5. 이스트푸드(Yeast Food)

이스트푸드는 이스트의 먹이(Yeast Food)로서 주된 기능은 산화제, 물조절제, 반죽 조절제의 기능이라고 할 수 있다. 빵반죽의 질을 개량하는 제빵개량제로서의 이스트 푸드는 반죽의 물리적인 성질에 변화를 주거나 pH의 조절과 물의 질을 개선하는 역할을 한다. 연수를 사용할 경우 점착성이 늘고 식감이 좋지 않은 제품을 만들기 때문에, 이스트푸드를 첨가하여 경수로 바꿔주면 제빵성이 향상된다. 이 목적으로 첨가하는 이스트푸드에는 황산칼슘, 탄산칼슘 등이 들어 있다. 이스트푸드는 보통 반죽 무게의 0.2~0.4%를 사용한다.

6. 생크림(Fresh Cream)

생크림(Fresh Cream)은 우유의 지방을 농축해서 만든 크림으로 유지방 함량이 30% 이상인 유크림, 18% 이상인 유가공크림, 50% 이상인 분말류 크림이 있다. 보통 유지방 함량이 30% 이상인 경우에 휘핑크림으로 이용하고 커피용인 경우 20~30%의 생크림을 사용한다. 생크림은 제품의 풍미와 식감을 향상시키며 당도 조절이 용이하고 버터크림에 비해 유지방 함량이 적어 맛이 산뜻하고 소화력이 뛰어난 이점이 있다. 생크림을 만들 때는 휘핑기구를 차게 하고 적은 양으로 나누어 기포하는 것이 바람직하다. 생크림은 3~7℃의 냉장보관이 원칙이며 일반 시유보다는 보관기간이 길다. 높은 온도나 자외선을 받으면 변질되므로 빛이 들어오지 않는 곳에 밀봉하여 보관하여야 한다. 변질된 생크림은 신맛이나 쓴맛이 나며 크림 일부가 덩어리지고 색이 변해 있으며, 기름이 위에 뜨는 경우도 있다.

7. 화학적 팽창제(Chemical Leavening)

제빵과정에서 이스트를 첨가하여 빵을 부풀린 것과 같이 제과과정에서는 베이킹파우더를 비롯한 탄산수소나트륨, 타르타르크림을 팽창제(leavening agent)로서 첨가한다. 베이킹파우더는 이산화탄소와 암모니아 가스를 발생시켜 제품을 부풀리게 되는데 이때 생긴 가스는 알칼리성으로 제품의 색을 누렇게 하거나 맛을 떨어뜨릴 수 있기 때문에 산성물질을 첨가한 합성팽창제를 사용한다.

(1) 베이킹파우더(Baking Powder)

베이킹파우더는 1850년 미국에서 만들어졌으며, 1860년에는 합성팽창제가 만들어져 보급되었다. 베이킹파우더가 기포를 형성하는 화학반응의 원리는 탄산수소나트륨이 분해되어 물, 이산화탄소, 탄산나트륨이 되는 것으로, 일반적으로 반죽재료에 달걀과 유지 사용량이 많을 때, 베이킹파우더의 양을 감소시킨다.

(2) 탄산수소나트륨($NaHCO_3$)

팽창제의 일종인 탄산수소나트륨은 무색의 결정성 분말로서 팽창상태가 옆으로 퍼지고 제품의 색상이 나도록 돕는 작용을 한다. 그러나 사용 후에 쓴맛이 남는 단점이 있으므로 소량씩 희석해서 사용해야 한다.

(3) 타르타르 크림(Cream of Tar Tar)

타르타르 크림도 팽창제로 사용하는데, 제품에 냄새가 나지 않으며 설탕에 첨가하고 끓이면 재결정을 막을 수 있다. 달걀 흰자를 기포할 때 기포를 강하게 해주는 장점이 있다.

8. 안정제(Stabilizer)

안정제(Stabilizer)로는 젤라틴, 한천, 펙틴, 전분 등이 많이 쓰이며, 그 외 알긴산, 씨엠씨, 로커스트빈검, 트레거캔스검 등이 있다. 안정제의 사용 목적은 아이싱의 끈적거림을 방지하고 머랭의 수분 배출을 억제하여 거품의 안정성과 노화지연을 위해서이다. 유동상태인 졸(Sol)에서 콜로이드입자의 망상조직 사이에 용매가 들어가 굳어진 것을 젤(Gel)이라 하며, 이러한 젤화현상을 이용해서 디저트류의 무스, 바바루아, 젤리 등을 만들 때 안정제를 사용한다.

(1) 한천(Agar)

한천은 해조류인 우뭇가사리를 끓여 여과, 응고시킨 것으로 자연 온도에서 건조시킨다. 한천의 사용량은 물양의 2~2.5%가 적당하며 용해하는 데 걸리는 시간은 약 30분 정도이다.

(2) 젤라틴(Gelatin)

젤라틴은 동물의 껍질이나 연골 속의 콜라겐(Collagen) 같은 단백질을 끓여 만든다. 젤라틴은 물 1kg에 대해 약 20~30g 정도 넣어서 사용하는데, 녹일 때 주의할 점은 너무 뜨거운 물에 녹이면 교질력이 떨어지므로 중탕하여 사용한다. 젤라틴은 15℃에서 응고되므로 얼음물로 차갑게 해서 굳히거나 냉장고에 넣으면 잘 굳는다. 젤라틴은 가공 형태에 따라 판 젤라틴과 가루 젤라틴이 있으며, 흡수량은 보통 젤라틴 중량의 10배이므로 물을 충분히 넣어 덩어리지지 않게 한다. 젤리, 아이스크림, 무스, 햄, 크림, 비스킷, 캐러멜 등에 널리 사용한다.

(3) 펙틴(Pectin)

펙틴은 과실이나 야채의 세포벽에 많이 함유되어 있는 다당류이다.

펙틴의 농도가 0.8% 이상인 것을 사용해야 하며 무당도음료, 잼류, 아이스크림의 접착제 등에 사용한다. 젤리를 굳히는 성분이다. 펙틴은 메톡실기(OCH3)가 결합한 구조로 메톡실기의 양에 따라 펙틴의 성질이 변한다.

(4) 알긴산(Alginic Acid)

김, 다시마 등의 갈조류에 포함되어 있는 다당류 종류중 하나이다. 더운물, 찬물 모두에 잘 녹고, 같은 농화력을 가진 산이 있는 주스 등에서 조리 과정 시 겔 형성 효과가 저하된다. 유산균 음료, 아이스크림 등에 유화 안정제로서 젤리, 셔벗, 주스 등에 증점제로 사용된다.

(5) 시엠시(Sodium Carboxy Methyl Cellulose, CMC)

합성호료의 하나. 목재, 펄프를 원료로 하여 셀룰로오스에 아세트산을 작용시켜 만든 화학적 합성물이다. 유도체로 찬물, 더운물 모두에 잘 녹으며, 산에 대한 저항력은 약하고 pH 7에서 효과가 가장 좋다. 부패 변질이 없고 매우 안정적이다. 아이스크림, 퐁당, 아이스 셔벗, 빵, 맥주 등에 안정제로 사용된다.

(6) 아라비아 검(Arabicgum)

콩과의 상록활엽교목인 아라비아 고무나무에서 얻은 점액을 굳힌 것이다. 물에 서서히 녹아 산성을 띠며 점조액이 되며, 제과에서는 아이스크림·시럽에 안정제로 사용한다. 또한 파스티아주(검 페이스트)를 만드는 데도 이용된다.

9. 향신료

향신료(Flavor & Spice)는 천연과실이나 꽃으로부터 얻어지는 용액이나 유액으로 인공적으로 만들어지는 것으로 맛을 보강하고 향을 내기 위해 사용한다. 향신료는 식물의 꽃이나 씨, 줄기, 열매, 껍질, 잎, 뿌리 등에서 광범위하게 추출해낸 가루 형태로 요리는 물론 과자나 빵에 특히 많이 이용한다. 향신료는 직접 향을 내기보다는 주재료에서 나는 불쾌한 냄새를 막아주고 다시 그 재료와 어울려 풍미를 향상시키고 제품의 보존성을 높여주는 기능을 한다. 바닐라(Vanilla)는 중미가 원산지로 열대성 난의 일종인데 바닐라 빈을 건조한 후 숙성 발효시켜 다갈색이 되면 특유의 바닐라 방향을 발휘한다. 클로브(Clove)는 푸딩, 각종 빵과 초콜릿케이크 등에 쓰이며, 박하향의 민트(Mint), 넛메그(Nutmeg), 통째로 빻아 호밀빵 등에 들어가는 캐러웨이씨(Caraway Seed), 사프란빵으로 유명한 사프란(Saffran), 계수나무의 껍질을 말려 만든 계피(Cinnamon) 등이 종종 사용된다.

10. 제과용 양주

최근 수입되는 양주는 칵테일을 제조하고자 하는 목적이 대부분인데 자연향보다 인공향이 많이 들어 있어 제과용으로는 적합하지 않다. 제과용 양주(Pastry Liqueur)로는 설탕과 사카린이 적게 들어 있고 천연의 향이 많이 함유된 것이 좋다. 양주를 제과에 이용하는 이유는 계절과 상관없이 천연의 과일향을 맛볼 수 있으며, 지방산을 중화하여 제품의 풍미를 높여주기 때문이다. 또한 일부 세균의 번식을 막아 제품의 보존성을 높일 수 있다. 럼(Rum)은 제과용으로 많이 사용되는데 사탕수수를 원료로 한 당밀을 발효시킨 증류주이다. 향이 좋고 열에 강하여 각종 과자를 만드는 데 널리 사용되며 쿠바, 자메이카, 서인도제도의 것이 질이 좋다. 그랑마르니에(Grand Marnier)는 오렌지 껍질을 코냑에 담가 만드는데 새콤달콤한 향이 초콜릿과 잘 어울린다. 프랑스의 코냐크 지방에서 생산되는 증류주 코냑(Cognac)과 과일향의 브랜디(Brandy), 은은한 오렌지향과 알코올도수 40°의 톡 쏘는 맛이 어우러진 쿠앵트로(Cointreau) 등은 과자류, 생크림 등에 이용된다. 그 밖에 주재료가 오렌지, 레몬인 오렌지큐라소(Orange Curacao), 체리의 과즙을 발효하고 증류시킨 키르슈(Kirsch), 스코틀랜드 위스키(Scotland Whiskey) 등이 있다.

11. 당류

제과제빵용으로 이용되는 당(Sugars) 종류로는 설탕, 포도당, 이성화당 등이 있으며, 당은 이스트의 먹이로서 반죽의 풍미와 팽창을 돕고, 제품의 착색 및 빵의 조직과 촉감을 개량하며 빵의 노화를 지연시키는 역할을 한다. 대표적인 당류인 설탕은 사용량이 밀가루의 5%일 때 발효가 최대가 되며 5% 이상 사용 시에는 삼투압 때문에 이스트의 활동을 정지시킨다. 당이 10% 정도로 들어가는 과자빵은 식빵 반죽보다 반죽시간을 늘릴 필요가 있는데 이는 당류의 함량이 높을수록 반죽 형성 시 시간이 걸리기 때문이다. 빵의 색은 캐러멜화 반응(Caramel Reaction)과 메일라드 반응(Maillard Reaction)에 의해 진행된다. 빵반죽 속에 들어 있는 설탕이 160℃에서 캐러멜화되어 갈변이 되며, 또한 반죽 속에 들어 있는 당과 아미노산이 열을 받아 메일라드 반응에 의해 갈변화현상이 일어나게 된다. 당류 사용량이 많은 고배합 빵은 저배합 빵보다 노화가 늦은데 이는 당이 수분을 보유하는 흡습성이 있기 때문이다. 당의 흡습성은 당의 종류에 따라 다르며 이성화당, 전화당, 꿀 등은 설탕보다 흡습성이 커서 케이크나 카스텔라의 촉촉함을 향상시킨다.

(1) 자당

설탕이라고도 불리며 사탕수수나 사탕무로부터 얻어진다. 사탕수수즙액을 농축하고 결정시킨 원액을 원심분리하여 원당을 분리한다.

1) 정제당

원당 결정입자에 붙어 있는 당질 및 기타 불순물을 제거하여 순수한 자당을 말한다.

2) 분당

설탕을 곱게 마쇄하여 가루로 만든 가공당의 하나로서 흔히 아이싱슈거라고 한다. 입자가 325메시(Mesh)를 통과하는 고운 분말부터 거친 것까지 다양한데 입자가 고운 것은 생크림, 버터크림, 머랭, 코팅 등에 쓰이고 거친 것은 시럽 종류에 쓰인다. 덩어리가 생기는 것을 방지하기 위해 3%의 전분과 혼합한다.

3) 전화당

정제된 설탕 또는 전화당이 물에 녹아 있는 용액상태를 액당이라고 하며, 설탕이 가수분해되면 같은 양의 포도당과 과당이 생성되는데 이 혼합물을 전화당이라 한다.

(2) 포도당과 물엿

1) 포도당

대부분의 포도당과 물엿은 전분을 산이나 효소를 가수분해시켜서 만든다. 일반포도당과 함수포도당($C_6H_{12}O_6H_2O$)이 있는데 제과용으로 쓰이는 것은 함수포도당이다.

2) 물엿

녹말이 산이나 효소의 작용으로 분해되어 포도당, 맥아당, 소당류, 덱스트린 등이 혼합된 감미물질이다.

- 장점 : 설탕에 비해 감미도는 낮지만 점조성, 보습성이 뛰어나 제품의 조직을 부드럽게 할 목적으로 쓰인다.
- 이용 : 감미제나 발효성 탄수화물로 빵과 과자제품에 널리 이용된다. 롤, 단과자빵, 파이반죽, 파이충전물, 머랭, 케이크, 쿠키, 아이싱 등에 쓰인다.

(3) 맥아와 맥아시럽

맥아와 맥아시럽은 이스트의 활성을 활발하게 해주는 영양물질인 광물질, 가용성 단백질, 반죽조절 효소 등이 들어 있다. 보통 맥아시럽은 밀가루 기준으로 0.5% 사용한다. 맥아시럽을 쓰는 이유는 다음과 같다.

- 수분보유율 : 제품 내부의 수분보유율을 증가시켜 질감을 촉촉하게 한다.

- 향미 : 부가적 향의 발생효과를 얻을 수 있기 때문이다.

- 색 : 껍질색을 개선한다.

- 분유의 완충효과 : 분유를 6% 사용하면 당질분해 효소작용을 지연시키고 발효가 늦어진다. 분유는 알칼리성으로 반죽을 중화시키기 때문인데, 이때 0.5%의 맥아 시럽을 사용하면 분유의 완충효과에 대해 보상을 받을 수 있다.

(4) 기타 감미제

제과제빵용 감미료로 올리고당, 꿀, 아스파탐, 천연감미료(스테비오사이드, 단풍당), 사카린, 캐러멜색소 등이 이용된다.

1) 허용감미료의 사용기준

- 사카린나트륨 : 식빵, 이유식, 흰 설탕, 포당, 물엿, 꿀 및 알사탕류에 사용하면 안 된다.

- 글리시리진산나트륨 : 된장과 간장 외의 식품에 사용하면 안 된다.

- 아스파탐 : 가열조리가 필요치 않은 식사대용 곡류가공품(이유식 제외), 껌, 청량음료, 다류, 아이스크림, 빙과(셔벗 포함), 잼, 주류, 분말수프, 발효유, 식탁용 감미료 이외의 식품에 사용하면 안 된다.

- 스테비오사이드 : 식빵, 이유식, 흰 설탕, 포도당, 물엿, 벌꿀, 알사탕, 우유 및 유제품에 사용하면 안 된다.

12. 유지류

유지(Fat & Oil)의 종류는 대두유, 면실유, 팜유, 야자유, 참기름, 올리브유 등의 식물성 유지와 우지, 돈지, 어유, 버터 등의 동물성 유지로 구분할 수 있다. 유지제품에는 유지를 주원료로 한 모든 제품을 포함시킬 수 있는데 식용유, 마가린, 쇼트닝, 버터, 튀김유 등이 있다. 유지는 지방 중 중성지방이 주성분을 이루는 식용 가능한 것으로 상온에서 액체인 것과 고체인 것을 포함하고, 그 구성지방산의 종류에 따라 이화학적 특성이 다르며, 그 특성에 따라 용도가 결정된다. 마가린이나 쇼트닝은 대개 고형 유지제품이므로 녹지 않도록 조심해야 하는데 광선, 습기, 공기에 닿지 않도록 서늘하고 어두운 곳에 보관함이 원칙으로 냉장고에 넣어두면 좋다.

(1) 코코넛(Coconut)

인도, 인도네시아, 필리핀, 말레이시아 등의 열대지방에서 주로 생산되며 해안의 사질토에서 잘 자란다. 코코넛은 심은 지 6~9년 정도 되어야 결실하며 한 나무에 약 50개의 과일이 열린다.

1) 코프라(Copra)

코코넛의 건조된 과육을 코프라라고 하는데 저장과 유통 때 편리하여, 주로 코프라의 형태로 수출한다.

2) 코코넛기름(Coconut Oil)

코프라의 64%가 기름이며, 코코넛기름을 여기서 짜낸다. 비중이 0.91~0.92의 불건성유이며 20℃에서 고화된다.

- 포화도 : 포화도가 높아서 안정성이 좋으며 제과제빵용, 튀김용으로 가장 적합하다.
- 저급지방산 : 다른 유지에 비해서 저급지방산이 비교적 많으며, 특유의 향미 성분은 락톤유이다.
- 가소성 : 고화온도 범위가 좁아서 가소성의 범위가 좁은 것이 특징이다. 따라서 제과용으로 많이 사용하는데 상온에서 고체이던 것이 입안에 들어가면 쉽게 녹는 장점이 있다.

(2) 오일팜(Oil Palm)

오일팜은 코코넛팜과 함께 세계적으로 중요한 유지용 수목이다. 자생원산지는 서아프리카이지만 지금은 말레이시아, 인도네시아, 콜롬비아, 파나마 등 열대국가에 분포되어 있다. 팜유는 생산성과 경제성이 우수하며, 앞으로도 그 증산이 가능하므로 대두유와 함께 세계 2대 유지로서의 이용이 기대된다.

1) 오일팜의 특성

코코넛유와 비슷하여 서로 대치해서 사용한다.

- 요오드값 : 요오드값이 14~22로 코코넛유보다 다소 높다.
- 분자량 : 저급지방산인 카프로익산과 카프릴릭산을 소량 함유하고 있다.
- 융점 : 융점이 24~26℃로 코코넛유보다 다소 높다.
- 풍미 : 담백한 특유의 풍미를 가진다.
- 가소성 : 우지나 돈지 등과 유사하다.

2) 오일팜의 이용

우리나라에서는 라면의 튀김류로 많이 사용된다. 장점은 산화안정성과 담백한 풍미 및 저렴성 등을 들 수 있다.

(3) 카카오(Cacao)

아메리카가 원산지며, 아프리카의 가나, 나이지리아 등에서 64%, 브라질에서 17%를 생산하고 있다. 카카오나무의 껍질은 회갈색이며 5~8m까지 자라고, 17~35℃의 온도와 높은 습도를 요구한다.

1) 카카오버터

과실을 수확한 후 1~2일 지난 뒤에 씨를 제거하고 발효시키면 초콜릿 냄새가 난다. 이 종자에는 55%의 지방이 들어 있으며 압착하여 짜낸다.

- 융점 : 담황색의 고체지방으로 융점의 한계가 뚜렷한데, 이는 지방산의 조성 때문이다.
- 지방산 : 지방산 중 75% 이상이 올레인산, 팔미틴산, 스테아린산이다. 불포화지방산이 적어서 산화안정성이 높다.
- 가소성 : 고화온도 범위가 좁아서 가소성의 범위가 좁아, 제과류를 피복할 시 상온에서는 딱딱하나 입안의 체온에서 바로 녹는 장점이 있다.

2) 코코아가루

카카오의 과실을 발효시켜 분쇄하고 코코아버터를 짜낸 후에 나머지 부분을 건조시켜 열을 가해 가루로 만든 것이다.

(4) 가공 식용유지

1) 튀김기름

대두유, 유채유, 콩기름, 옥수수기름 등 식물성 기름이 주로 쓰인다. 튀김용 기름은 빛깔이 투명하고 냄새가 없는 것이 좋다.

- 발연점 : 기름을 가열하여 연기가 나는 점을 발연점이라고 하는데, 좋은 기름은 발연점이 230℃ 이상이다. 정제가 불충분한 기름은 휘발성성분이 증발하기 때문에 이것보다 낮은 온도에서 발연한다.
- 산화중합 : 튀김용 기름을 오랫동안 사용하면 거품이 나고 불쾌취가 생성되며 색이 진해지고 점도가 증가한다. 이것은 가열에 의해 기름이 산화중합되어 점도가 높은 물질이 생성되기 때문이다. 정제한 식용유지를 다시 정제하여 겨울에도 응고하지 않도록 0℃ 또는 그 이하의 온도를 유지하여 응고되는 침전물을 제거한 기름이다. 이는 마요네즈나 프렌치드레싱(French dressing)에 사용된다. 예전에는 올리브유를 사용하여 샐러드유를 만들었으나, 현재는 대두유, 유채유, 면실유, 옥수수기름 등의 식물성 기름을 정제하여 만든다.

2) 마가린

액상유와 경화유 등의 고체상 유지혼합물에 물, 식염, 발효유, 유화제 등을 혼합, 유화하여 만든 것이다. 유지 원료로는 야자유, 팜유 등의 고체식물유지, 대두유, 면실유, 유채류 등의 액상식물유, 동물성 경화유 등이 사용되고, 이것을 충분히 정제하여 융점 28~33℃가 되도록 배합한다.

3) 쇼트닝

실온에서 사용할 수 있는 가소성 유지로서 기호성이나 연화를 촉진하기 위해서 액상제품도 사용하고 있다. 가소성 제품에는 8~14%의 공기나 질소가 미세하게 분산되어 있으며, 정제한 식물성 경화유를 많이 사용하고, 산화방지제와 유화제도 첨가된다. 튀김용 쇼트닝은 특히 경화를 많이 하여 고온에서 산화가 방지되도록 하고, 산화방지제와 소포제를 사용한다.

13. 초콜릿(Chocolate)

초콜릿의 원료는 카카오콩이라 불리는 카카오나무의 갈색 열매이다. 과실은 10~30cm의 럭비공과 같은 모양을 하고 있으며, 카카오포트(Pot)에 싸여 있다. 단단한 껍질을 벗기면 희고 달콤새콤한 과육이 채워져 있고, 그 안에 20~50개의 종자가 들어 있다. 이 종자를 깨끗하게 한 것이 카카오콩이다.

(1) 초콜릿의 제조과정

1) 발효

카카오콩은 하얀 과육이 단단히 붙어 있어 분리하기 어렵다. 생산지에서는 바나나 잎으로 싸서 발효시켜 과육이 꼬들꼬들하게 썩으면 카카오콩을 분리한다. 보통 발효는 50℃에서 3~12일간 행해진다.

2) 볶음

카카오콩을 110~120℃에서 볶아 독특한 향과 풍미를 내는데 이 과정 중에 휘발성의 초산이 제거되어 산미나 자극취가 감소한다.

3) 카카오버터

풍력을 이용하여 외피와 배아를 제거하고 배유 부분만 골라낸다. 여기서 카카오버터(지방)를 얻는다.

4) 분쇄

입자가 거칠고 까칠까칠한 느낌이 남아 있으므로 좁은 롤러를 통과시켜 곱게 갈아 직경 25mm 정도로 갈아 으깬다.

5) 초콜릿반죽

미립화된 반죽에 카카오기름을 가하고 50~80℃에서 12~24시간에 걸쳐서 잘 반죽한다. 이때 초콜릿반죽 속에 있던 입자들이 서로 비벼져서 각이 둥글어지고, 수분과 불쾌취가 휘발해서 향기가 높아진다.

6) 템퍼링

템퍼링이란 녹여낸 초콜릿을 굳힐 때 반죽의 결정을 가장 안정된 결정형으로 통일하는 온도조작을 말한다. 템퍼링이 잘된 초콜릿일수록 수축이 잘되어 틀에서 분리하기 쉽다.

7) 성형

온도조절이 끝난 반죽을 모양 틀에 채운 후 충격을 주어 가느다란 기포를 제거하고, 이것을 식혀서 굳힌다.

(2) 블룸현상(Blooming)

카카오버터의 결정이 거칠어지고 설탕의 결정이 석출되어 초콜릿의 조직이 노화되는 현상이다.

초콜릿을 자연상태로 방치하면 입체적인 형태가 변해가며 결정의 덩어리가 커지고 모래알 같은 느낌의 거친 상태가 된다. 입자의 초콜릿은 광택이 없고 입 속에서 잘 녹지 않는다.

14. 이스트(Yeast)

이스트는 원형 또는 타원형으로 출아법에 의해서 증식한다. 빵을 부풀리기 위해서 Saccharomyces Cerevisiae란 종을 쓴다.

(1) 이스트의 종류

1) 생이스트(압착효모)

생이스트는 75%의 수분을 함유하고 있으며 이스트의 보관온도는 보통 0℃에서 2~3개월, 13℃에서 2주, 22℃에서 1주일 정도이다. 생이스트는 알부민이라는 단백질과 수분으로 이루어져 있어 보관기간이 짧다.

2) 드라이이스트(활성건조효모)

드라이이스트는 발효력이 균일하고 보존성이 좋고, 평량이 용이하고 냉장고에 보관하지 않아도 된다. 수분이 7.5~8.5%밖에 되지 않으므로 저장성이 훨씬 크며 실온 이상에서도 며칠을 견딜 수 있다. 생이스트의 1/3만 사용하여도 되지만 건조공정과 수화 중에 활성세포가 다소 줄기 때문에 실제로 압착효모의 40~50%를 사용한다. 사용할 중량의 4배 되는 물을 40~45℃로 데워서, 5~10분간 담갔다가 다시 수화시킨 후에 사용한다.

3) 불활성효모

맥주발효의 부산물로서 라이신이 풍부하여 비타민 B군의 결핍을 막아주고 단백가를 높여준다. 높은 건조온도에서 수분을 증발시키므로 이스트 내의 효소가 완전히 불활성화된 이스트로 빵과 과자제품에 영양보강제로 사용한다.

(2) 이스트에 들어 있는 효소

1) 프로테아제(Protease)

곡물의 호분층과 배아에서 주로 발견되며, 단백질을 분해하여 펩티드, 아미노산 등을 생성한다.

- 신장성 : 반죽의 신장성을 향상시킨다.
- 조직감 : 반죽의 기계적인 내성, 완제품의 기공과 조직을 향상시킨다.
- 믹싱시간 : 일정한 조건하에서 믹싱시간을 줄일 수 있다.

2) 리파아제(Lipase)

대부분의 곡물 배아에서 발견되며, 발아 시 활성효소의 양이 증가된다. 대부분의 이스트는 원형질 내의 지방에 작용하여, 지방을 지방산과 글리세롤로 분해한다.

3) 인베르타아제(Invertase)

최적 Ph는 4.2 전후이고, 적정온도는 50~60℃이다. 당을 포도당과 과당으로 분해시킨다.

4) 말타아제(Maltase)

최적온도는 30℃이고, 최적 Ph는 6.6~7.3이다. 맥아당을 2분자의 포도당으로 분해시킨다. 이스트는 말타아제의 함유량이 충분한 것이 좋다.

5) 치마아제(Zymase)

최적 pH는 5.0이며, 적정온도는 30~35℃이다. 많은 효소가 모인 효모군으로 포도당과 과당을 분해하여 탄산가스와 알코올 등을 만든다. 빵 반죽의 발효를 최종적으로 담당하는 효소이다. 이 효소에 의해서 직접적으로 알코올발효를 할 수 있는 당은 포도당, 과당, 만노스 등이다.

(3) 취급과 저장

1) 온도

이스트는 살아 있는 세포이므로 낮은 온도에서 활동력이 감소한다. 이스트 세포는 60℃의 온도에서 죽기 때문에, 고온다습한 날에는 이스트의 활성이 증가되므로 반죽온도를 낮춘다.

2) 분산

소량의 물에 풀어서 믹싱하면 전 반죽에 골고루 분산된다.

3) 소금

이스트와 소금은 가급적 직접 접촉하지 않도록 해야 한다.

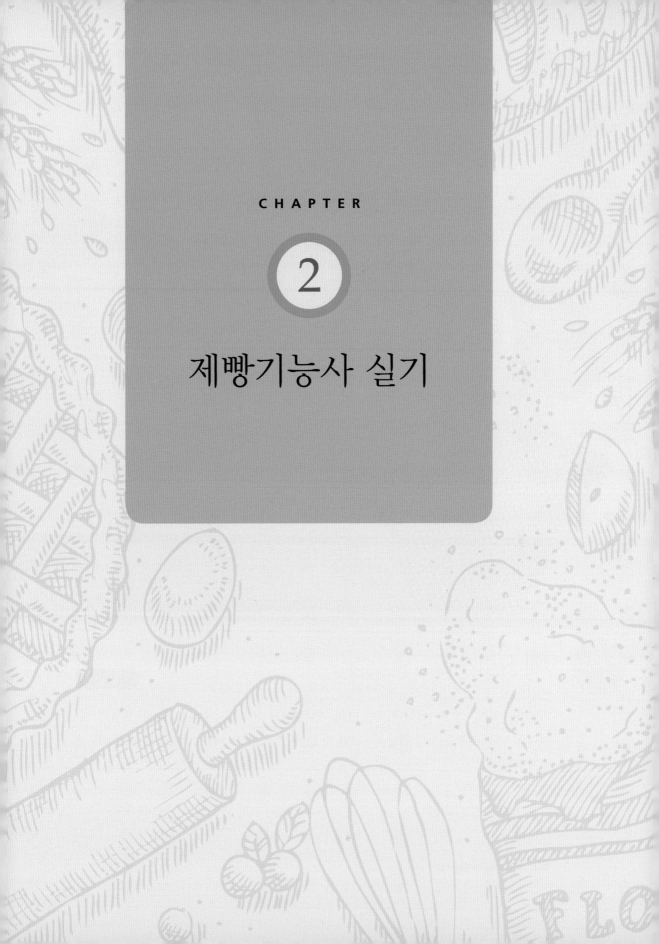

CHAPTER

2

제빵기능사 실기

빵도넛(Yeast Doughnut)

기원지는 독일, 스칸디나비아이지만 미국, 캐나다에서 더욱 발달되었고 예전에 유럽에서는
크리스마스나 부활절 등에 튀긴 케이크를 먹었는데 이것이 발전하여 현재와 같은 형태를 갖
추게 되었다.

요구사항

※ 빵도넛을 제조하여 제출하시오.

❶ 배합표의 각 재료를 계량하여 재료별로 진열하시오(12분).

- 재료계량(각 재료당 1분) → [감독위원 계량확인] → 작품제조 및 정리정돈(전체 시험시간-재료계량시간)
- 재료계량 시간 내에 계량을 완료하지 못하여 시간이 초과된 경우 및 계량을 잘못한 경우는 추가의 시간 부여 없이 작품제조 및 정리정돈 시간을 활용하여 요구사항의 무게대로 계량
- 달걀의 계량은 감독위원이 지정하는 개수로 계량

❷ 반죽은 스트레이트법(Straight Method)으로 제조하시오(단, 유지는 클린업 단계에서 첨가하시오).

❸ 반죽온도는 27℃를 표준으로 하시오.

❹ 분할무게는 46g씩으로 하시오.

❺ 모양은 8자형 22개와 트위스트형(꽈배기형) 22개로 만드시오.(남은 반죽은 감독위원의 지시에 따라 별도로 제출하시오.)

배합표 작성

재료명	비율(%)	무게(g)
강력분	80	880
박력분	20	220
설탕	10	110
쇼트닝	12	132
소금	1.5	16.5(16)
탈지분유	3	33(32)
이스트	5	55(56)
제빵개량제	1	11(10)
바닐라향	0.2	2.2(2)
달걀	15	165(164)
물	46	506
넛메그	0.2	2.2(2)
계	194	2,132.9(2,130)

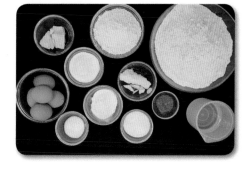

제조방법

❶ 재료 계량(감독관에 따라 각각 혹은 합해서 계량할 수 있다)
- 재료를 담는 용기에 각각을 계량하여 무게를 측정하고, 재료별로 진열해 놓는다.
- 전 재료를 제한시간(12분) 내에 손실 없이 정확히 계량하여 감점요인을 없앤다.

❷ 반죽 제조방법
- 우선 계량된 물의 일부를 사용해서 이스트를 물에 풀어 용해시켜 놓는다.
- 가루재료를 체에 걸러 놓는다. ⇨ 이물질 제거, 재료를 분산, 재료에 공기를 혼입하여 양질의 제품을 생산하기 위함이다.
- 요구사항 ②에 따라 유지인 쇼트닝을 제외한 모든 재료를 믹싱볼에 넣고 저속으로 믹싱한다. ⇨ 수화작용
- 중속으로 가속시킨 후 클린업단계까지 믹싱한 후 쇼트닝을 넣고 보통 제빵반죽의 90%까지 믹싱한다.
- 반죽온도 27℃±1℃로 유지할 것

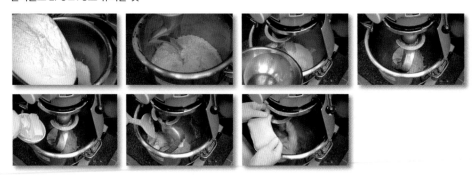

❸ 1차발효
- 발효실 온도 27℃, 상대습도 75%의 조건을 충족하는 발효기에서 약 40~50분간 발효한다.
- 1차발효의 완료시점을 구분하는 방법은 최초 반죽부피의 3~3.5배 정도 크기, 유연한 섬유질로 인해 반죽의 가장자리를 들어봤을 때 거미줄 모양의 그물조직이 나타나거나, 손가락 테스트 등으로 숙성이 최적인 상태까지 발효한다.

❹ 분할
- 분할은 최초 제시된 대로 46g씩 분할한다.
- 분할 도중에 발효가 진행되므로 가능한 한 짧은 시간 내에 분할하여 순서대로 둥글리기를 해놓는다.

⑤ 중간발효

- 반죽의 표면이 건조되는 것을 방지하기 위해서 비닐 또는 적신 광목천 등으로 덮어놓는다.
- 중간발효시간이 짧은 경우 성형 등의 가공이 어렵고, 과하게 진행된 경우 반죽이 지치게 된다.

⑥ 성형

- 길이방향으로 약 25cm 정도 밀어 펴기를 한다. 이때 굵기가 일정하게 유지되도록 균일한 힘으로 길게 밀어야 성형했을 경우 모양이 좋다.
- 감독관의 지시에 따라 8자형, 트위스트형 등으로 성형한다.

⑦ 패닝

- 일정한 간격을 두고 한 평철판에 8개 정도의 반죽을 패닝한다.

⑧ 2차발효

- 발효실온도 35℃ 정도, 상대습도 85% 정도의 조건에서 약 30~40분 정도 발효시킨다.
- 2차발효의 경우 1차발효와는 다르게 시간보다는 상태를 점검해 가며 발효시키는 것이 중요하다.

⑨ 튀기기

- 기름온도 : 170~180℃에서 한 면에 약 2~3분간 튀긴다. ⇨ 튀긴 면을 다시 튀기면 기름을 과다하게 흡수하므로, 한 면에 한번만 튀긴다.

⑩ 설탕 묻히기

- 제품이 적당히 냉각되면 설탕을 고루 묻힌다.

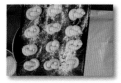

TIP* 기름온도에 유의한다. (170~180℃)

- 기름은 온도가 쉽게 오르거나 내리지 않으므로, 튀길 때 주의해야 하며 두 번 뒤집지 않는다.

TIP** 발한현상(sweating) 방지

- 도넛을 튀긴 후 설탕이나 글레이즈를 입힐 때 설탕이 녹아 흐르는 현상으로 이를 방치하면 완성품의 외관이 보기 좋지 않게 된다. 따라서 발한현상을 방지하기 위해서는 튀긴 도넛을 공기가 잘 통하는 곳에서 충분히 냉각해야 하고 튀기는 시간을 타지 않는 범위 내에서 늘리는 것이 좋다.

소시지빵(Sausage Bun)

제빵기능사

육류를 손질하고 남은 것을 사용하여 보존하고자, 남은 육류부산물을 잘게 저미며 소금, 양념, 향신료 등과 반죽해 가축의 창자에 채운 것을 소시지라 하는데, 오늘날은 하나의 식품으로 발전하였다. 이를 응용하여 핫도그 등을 제조한다. 빵 위에 소시지를 넣거나 얹어 식사 대용 제품으로 제조한다.

요구사항

※ 소시지빵을 제조하여 제출하시오.

❶ 반죽 재료를 계량하여 재료별로 진열하시오(10분). 토핑 및 충전물 재료의 계량은 휴지시간을 활용하시오.

- 재료계량(각 재료당 1분) → [감독위원 계량확인] → 작품제조 및 정리정돈(전체 시험시간-재료계량시간)
- 재료계량 시간 내에 계량을 완료하지 못하여 시간이 초과된 경우 및 계량을 잘못한 경우는 추가의 시간 부여 없이 작품제조 및 정리정돈 시간을 활용하여 요구사항의 무게대로 계량
- 달걀의 계량은 감독위원이 지정하는 개수로 계량

❷ 반죽은 스트레이트법으로 제조하시오.

❸ 반죽온도는 27℃를 표준으로 하시오.

❹ 반죽 분할무게는 70g씩 분할하시오.

❺ 완제품은(토핑 및 충전물) 12개 제조하여 제출하고 남은 반죽은 감독위원이 지정하는 장소에 따로 제출하시오.

❻ 충전물은 발효시간을 활용하여 제조하시오.

❼ 정형 모양은 낙엽모양 6개와 꽃잎모양 6개씩 2가지로 만들어서 제출하시오.

배합표 작성

반죽

재료명	비율(%)	무게(g)
강력분	80	560
중력분	20	140
생이스트	4	28
제빵개량제	1	6
소금	2	14
설탕	11	76
마가린	9	62
탈지분유	5	34
달걀	5	34
물	52	364
계	189	1,318

토핑 및 충전물

재료명	비율(%)	무게(g)
프랑크소시지	100	480
양파	72	336
마요네즈	34	158
피자치즈	22	102
케첩	24	112
계	252	1,188

※ 계량시간에서 제외

제조방법

❶ 재료 계량

- 재료를 담는 용기나 유산지에 정확히 저울로 계량하여 무게를 측정하고, 재료별로 진열해 놓는다.
- 모든 재료를 제한시간(10분) 내에 손실없이 정확히 계량하고 토핑 및 충전물 계량은 반죽 및 휴지시간을 활용하여 감점 요인없이 계량해 놓는다.

❷ 반죽 제조방법

- 우선 계량된 물의 일부를 사용해서 이스트를 물에 풀어 용해시켜 놓는다.
- 가루재료를 체에 걸러 놓는다.
- 이물질 제거, 재료분산, 가루재료에 공기를 혼입하여 믹싱과정에서 양질의 제품을 생산하기 위함이다.
- 모든 재료를 믹싱볼에 넣고 저속으로 믹싱한다(수화 및 글루텐 초기 생성).
- 적당히 뭉쳐지면 중속으로 가속시킨 후 발전단계 초기까지 믹싱한 후 스크레이핑[1]을 해주고 100% 글루텐 형성된 최종단계 까지 믹싱한다.

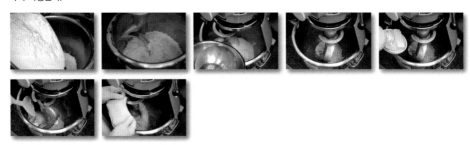

❸ 1차발효

- 발효실 온도 27℃, 상대습도 75%의 조건을 충족하는 발효기에서 약 80~90분간 발효한다.
- 1차발효의 완성 시점을 구분하는 방법은 최초 반죽부피의 3~3.5배 정도 크기, 유연한 섬유질로 인해 반죽 가장자리를 들어봤을 때 거미줄 모양의 그물조직이 나타나거나, 손가락 테스트 등으로 숙성이 최적인 상태까지 발효한다.

❹ 분할

- 분할은 최초 제시된 대로 70g씩 분할한다.
- 분할 도중에 발효가 진행되므로 가능한 한 짧은 시간 내에 분할하여 순서대로 둥글리기를 해놓는다.

❺ 중간발효

- 반죽의 표면이 건조되는 것을 방지하기 위해서 비닐 또는 적신 광목천 등으로 덮어놓는다(10~20분 정도).
- 중간발효 시간이 짧은 경우 밀어 펴기 작업 등의 가공이 어렵고, 과하게 진행된 경우 반죽이 지치게 된다.

---

1) 스크레이핑(Scraping)은 제과제빵 기계반죽 시 믹싱볼 벽면에 반죽이 달라붙어 움직이지 않아 반죽소요시간이 늘어나는 것을 예방하고 반죽시간을 단축하기 위해 벽면은 주기적으로 스크레이퍼나 실리콘주걱으로 긁어주는 과정을 말한다.

2) 달걀물은 노른자와 물을 동량으로 소금이나 설탕을 약간 고루 섞고 체에 한번 걸러서 사용하는데 체에 거르는 이유는 노른자가 덩어리진 부분을 제거하기 위함이다.

❻ 성형

- 덧가루를 살짝 뿌리고 반죽을 밀대로 타원형으로 밀어 펴 가스를 빼준다.
- 길이방향으로 밀어 펴기를 한 후, 두께가 일정하게 유지되도록 균일한 힘으로 길게 밀어야 성형했을 경우 모양이 좋다.
- 감독관의 지시에 따라 꽃잎모양, 낙엽모양 등으로 성형한다.
- 꽃잎모양의 경우 중간발효가 된 반죽에 소시지를 감싼 후 동일한 간격으로 가위를 수직으로 세워 90% 정도만 자른 후 원형으로 돌려가며 균일하게 배열한다. 이때 10% 정도의 반죽이 연결되어 있어야 2차발효 시 떨어지지 않고 모양이 좋은 형태로 구워지며 한 조각은 완전히 잘라 원형 가운데에 채워 넣는다.
- 낙엽모양의 경우 꽃잎모양과는 다르게 비스듬히 자른 후 지그재그로 젖혀서 성형한 후 패닝한다.

❼ 패닝

- 일정한 간격을 두고 한 평철판에 8개 정도의 반죽을 패닝한다.
- 반죽의 윗면에 달걀물칠[2]을 하여 덧가루를 털어내고 광택을 내어준다. ➡ 달걀물칠을 과도하게 하면 구웠을 때 반죽 가장자리가 모양이 좋지 않으므로 윗면에 고르게 바른다.

❽ 2차발효

- 발효실온도 35℃ 정도, 상대습도 85% 정도의 조건에서 약 30~40분 정도 발효시킨다.
- 2차발효의 경우 1차발효와는 다르게 시간보다는 상태를 점검해 가며 발효시키는 것이 중요하다.

❾ 토핑

- 2차발효가 완료된 반죽에 잘게 다진 양파를 먼저 올리고 그 위에 피자치즈를 올린다. 이후 마요네즈와 케첩을 각기 다른 1회용 짤주머니에 담아 모양을 내어 짜준다.

❿ 굽기

- 오븐온도 : 200~210℃에서 20~25분간 굽는다.
- 오븐의 위치 등에 따라 온도차이가 있으므로, 일정시간이 경과하면 철판의 위치를 바꾸어 전체적으로 균일한 색이 나도록 한다.
- 오븐에서 구워져 나오면 제품이 식기 전에 우유 등 광택효과가 있는 제품을 발라 수분손실을 줄여준다.

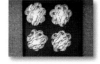

> **TIP**
> - 양파를 먼저 올리는 이유는 오븐 안에서 양파가 타거나 과하게 건조되기 때문으로 양파 위에 피자치즈를 올린다.
> - 마요네즈와 케첩은 짤주머니의 배출구가 너무 굵지 않게 자른 후 가는 선으로 여러 번 그어주는 것이 모양이 좋다.

식빵(White Pan Bread) – 비상스트레이트법

제빵기능사

사각팬에 구운 설탕 10% 이하의 하얀 주식대용 빵. 성형방법에 따라 산형, 원로프형, 풀먼형이 있다. 영국형과 미국형으로 나누어지는데 영국형은 자연스럽게 부푼 형태인 산형이 대표적이고, 미국형은 풀먼형으로 뚜껑을 덮어 사각의 형태로 구워낸 제품이다. 용도에 따라 기본배합일 경우 토스트용, 기본배합에 유지, 당류, 우유 등을 첨가한 경우 샌드위치용도로 사용된다.

요구사항

※ **식빵(비상스트레이트법)을 제조하여 제출하시오.**

❶ 배합표의 각 재료를 재료별로 진열하시오(8분).

- 재료계량(각 재료당 1분) → [감독위원 계량확인] → 작품제조 및 정리정돈(전체 시험시간-재료계량시간)

- 재료계량 시간 내에 계량을 완료하지 못하여 시간이 초과된 경우 및 계량을 잘못한 경우는 추가의 시간 부여 없이 작품제조 및 정리정돈 시간을 활용하여 요구사항의 무게대로 계량

- 달걀의 계량은 감독위원이 지정하는 개수로 계량

❷ 반죽은 비상스트레이트법(Emergency Straight Method)[1]으로 제조하시오(반죽온도는 30℃로 설정).

❸ 표준분할무게는 170g으로 하고, 제시된 팬의 용량을 감안하여 결정하시오(단, 분할무게×3을 1개의 식빵으로 함).

❹ 반죽은 전량을 사용하여 성형하시오.

- 이스트 사용량을 50% 증가

- 반죽온도를 30℃로 상승

- 물 사용량을 1% 증가

- 설탕 사용량을 1% 감소

- 반죽시간을 20% 증가

- 1차발효시간은 15분

- -

배합표 작성

재료명	스트레이트법	비상스트레이트법	
	비율(%)	비율(%)	무게(g)
강력분	100	100	1,200
물	62	63	756
이스트	2.5	5	60
제빵개량제	1	2	24
설탕	6	5	60
쇼트닝	4	4	48
탈지분유	3	3	36
소금	1.8	1.8	21.6(22)
계	180.3	183.8	2,205.6 (2,206)

---

1) 비상스트레이트법(emergency dough method)은 발효를 촉진하는 방법, 즉 이스트를 추가하는 등의 방법을 사용하여 기기고장이나 작업의 차질, 주문의 긴급성 등을 해소하기 위해 사용하는 반죽방법으로 일반적인 스트레이트법에 비해 작업시간이 단축되는 효과를 기대하는 반죽법

❶ 재료 계량

- 재료를 담는 용기에 계량하여 무게를 측정하고, 재료별로 진열해 놓는다.
- 전 재료를 제한시간(8분) 내에 손실없이 정확히 계량하여 감점요인을 없앤다.

❷ 반죽 제조방법

- 우선 계량된 물의 일부를 사용해서 이스트를 물에 풀어 용해시켜 놓는다.
- 가루재료를 체에 걸러 놓는다. ⇨ 이물질 제거, 재료를 분산, 재료에 공기를 혼입하여 양질의 제품을 생산하기 위함이다.
- 쇼트닝을 제외한 모든 재료를 믹싱볼에 넣고 저속으로 믹싱한다(수화작용).
- 중속으로 가속시킨 후 클린업단계까지 믹싱한 후 쇼트닝을 넣고 보통식빵보다 20~25% 정도 더 믹싱한다(반죽온도 30℃±1℃).

❸ 1차발효

- 발효실 온도 30℃, 상대습도 75~80%의 조건을 충족하는 발효기에서 약 15~30분간 발효한다. ⇨ 비상스트레이트법이므로 발효시간 단축
- 1차발효의 완성시점을 구분하는 방법은 최초 반죽부피의 2배 정도 크기까지 발효한다.

❹ 분할

- 분할은 최초 제시된 대로 식빵틀에 맞추어 분할하되 170g씩 3덩어리로 분할한다.
- 분할된 반죽을 둥글리기해서 중간발효를 한다.

 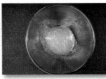  

❺ 중간발효

- 반죽의 표면이 건조되는 것을 방지하기 위해서 비닐 또는 적신 광목천 등으로 덮어놓는다(10~20분 정도).
- 중간발효 시간이 짧은 경우 밀어 펴기 작업 등의 가공이 어렵고, 과하게 진행된 경우 반죽이 지치게 된다.

❻ 성형

- 덧가루를 살짝 뿌리고 반죽을 밀대로 길게 밀어 펴 가스를 빼준다.
- 길이방향으로 밀어 펴기를 한 후 밀대로 밀어놓은 반죽을 3겹접기를 하고, 단단하고 둥글게 말아서 성형한다.

❼ 패닝

- 주어진 식빵틀에 말아서 성형한 반죽을 패닝한다.
- 반죽의 윗면을 손등으로 가볍게 눌러주어 2차발효가 균일하게 되도록 한다.
- 말아준 끝부분이 밑으로 향하게 패닝을 한다.

❽ 2차발효

- 발효실온도 35℃ 정도, 상대습도 85% 정도의 조건에서 약 30~40분 정도 발효시킨다.
- 2차발효의 경우 1차발효와는 다르게 시간보다는 상태를 점검해 가며 발효시키는 것이 중요하다.
- 2차발효의 완료시점은 틀높이와 같거나 0.5cm 정도 올라온 상태가 적당하다.

❾ 굽기

- 오븐온도 : 170~180℃에서 35~40분간 굽는다.
- 오븐의 위치 등에 따라 온도차이가 있으므로, 일정시간이 경과하면 식빵틀의 위치를 바꾸어 전체적으로 균일한 색이 나도록 한다.

TIP*
- 일반식빵보다 반죽을 할 때 약 20% 정도 반죽을 더하고, 1차발효시간을 줄이는 것이 가장 큰 특징이다.

TIP**
- 성형 시 말아놓은 방향을 일정하게 패닝하는 것이 중요한데 엇갈리는 경우 윗면 한쪽이 비대칭으로 부풀어오른다.

단팥빵(Red Bean Bread) – 비상스트레이트법

제빵기능사

일본 동경의 긴자에 긴자 기무라야라는 빵집에서 개발된 제품 중의 하나로 지금은 일본의 독창적인 빵의 형태로 자리 잡은 앙금빵, 크림빵, 메론빵, 잼빵 등이 모두 여기서 비롯되었다.

요구사항

※ **단팥빵(비상스트레이트법)을 제조하여 제출하시오.**

❶ 배합표의 각 재료를 계량하여 재료별로 진열하시오(9분).

- 재료계량(각 재료당 1분) → [감독위원 계량확인] → 작품제조 및 정리정돈(전체 시험시간-재료계량시간)
- 재료계량 시간 내에 계량을 완료하지 못하여 시간이 초과된 경우 및 계량을 잘못한 경우는 추가의 시간 부여 없이 작품제조 및 정리정돈 시간을 활용하여 요구사항의 무게대로 계량
- 달걀의 계량은 감독위원이 지정하는 개수로 계량

❷ 반죽은 비상스트레이트법(Emergency Straight Method)으로 제조하시오(단, 유지는 클린업단계에서 첨가하고, 반죽온도는 30℃로 한다).

❸ 반죽 1개의 분할무게는 50g, 팥앙금 무게는 40g으로 제조하시오.

❹ 반죽은 24개를 성형하여 제조하고, 남은 반죽은 감독위원의 지시에 따라 별도로 제출하시오.

배합표 작성

반죽

재료명	스트레이트법	비상스트레이트법	
	비율(%)	비율(%)	무게(g)
강력분	100	100	900
물	47	48	432
이스트	4.5	7	63(64)
제빵개량제	1	1	9(8)
소금	2	2	18
설탕	17	16	144
마가린	12	12	108
탈지분유	3	3	27(28)
달걀	15	15	135(136)
계	201.5	204	1,836(1,838)

토핑 및 충전물

재료명	비율(%)	무게(g)
통팥앙금	-	1,440

※ 계량시간에서 제외

제조방법

❶ 재료 계량

- 재료를 담는 용기에 계량하여 무게를 측정하고, 재료별로 진열해 놓는다.
- 전 재료를 제한시간(9분) 내에 손실없이 정확히 계량하여 감점요인을 없앤다.

❷ 반죽 제조방법

- 우선 계량된 물의 일부를 사용해서 이스트를 물에 풀어 용해시켜 놓는다.
- 가루재료를 체에 걸러 놓는다. ⇨ 이물질 제거, 재료를 분산, 재료에 공기를 혼입하여 양질의 제품을 생산하기 위함이다.
- 마가린을 제외한 모든 재료를 믹싱볼에 넣고 저속으로 믹싱한다. ⇨ 수화작용
- 중속으로 가속시킨 후 클린업단계까지 믹싱한 후 마가린을 넣고 보통과자빵보다 20~25% 정도 더 믹싱한다.
- 반죽온도 30℃±1℃로 유지할 것

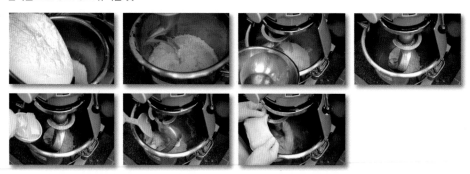

❸ 1차발효

- 발효실 온도 30℃, 상대습도 75~80%의 조건을 충족하는 발효기에서 약 15~30분간 발효한다. – 비상스트레이트법이므로 발효시간 단축
- 1차발효의 완성시점을 구분하는 방법은 최초 반죽부피의 2배 정도 크기까지 발효한다.

❹ 분할

- 분할 : 최초 제시된 대로 40g씩 분할한다.
- 분할된 반죽을 둥글리기해서 중간발효를 한다.

⑤ 중간발효

- 반죽의 표면이 건조되는 것을 방지하기 위해서 비닐 또는 적신 광목천 등으로 덮어놓는다(10~20분 정도).
- 중간발효시간이 짧은 경우 밀어 펴기작업 등의 가공이 어렵고, 과하게 진행된 경우 반죽이 지치게 된다.

⑥ 성형

- 덧가루를 살짝 뿌리고 반죽에 팥앙금을 그림과 같이 싸넣는다.

⑦ 패닝

- 주어진 철판에 성형한 반죽을 패닝한다.
- 철판에 패닝 후 모양을 잡아주고 가운데를 누르고 구멍을 뚫어놓는다.
- 구멍을 뚫어놓은 반죽에 달걀물칠을 가볍게 한다.

⑧ 2차발효

- 발효실온도 35℃ 정도, 상대습도 85% 정도의 조건에서 약 30~40분 정도 발효시킨다.
- 2차발효의 경우 1차발효와는 다르게 시간보다는 상태를 점검해 가며 발효시키는 것이 중요하다.
- 2차발효의 완료시점은 처음부피의 두 배 정도가 적당하다.

⑨ 굽기

- 오븐온도 210℃에서 15~20분간 굽는다.
- 오븐의 위치 등에 따라 온도차이가 있으므로, 일정시간이 경과하면 철판의 위치를 바꾸어 전체적으로 균일한 색이 나도록 한다.

TIP* 일반 과자빵보다 반죽을 할 때 약 20% 정도 반죽을 더하고, 1차발효시간을 줄이는 것이 가장 큰 특징

- 비상스트레이트법의 필수조치사항
- 반죽시간 : 20~25% 늘린다.
- 반죽온도 : 약 30℃
- 1차발효시간 : 15~30분(15분 이상)
- 물 : 1% 줄임
- 설탕 : 1% 줄임
- 이스트 : 2배 늘림

그리시니(Grissini)

제빵기능사

Bread Stick의 이탈리아어이며 막대형 빵의 일종으로 수분함량이 적고 배합에 따라 설탕, 우유, 향신료 등을 첨가하기도 한다.

요구사항

※ 그리시니를 제조하여 제출하시오.

❶ 배합표의 각 재료를 계량하여 재료별로 진열하시오(8분).

- 재료계량(각 재료당 1분) → [감독위원 계량확인] → 작품제조 및 정리정돈(전체 시험시간-재료계량시간)

- 재료계량 시간 내에 계량을 완료하지 못하여 시간이 초과된 경우 및 계량을 잘못한 경우는 추가의 시간 부여 없이 작품제조 및 정리정돈 시간을 활용하여 요구사항의 무게대로 계량

- 달걀의 계량은 감독위원이 지정하는 개수로 계량

❷ 전 재료를 동시에 투입하여 믹싱하시오(스트레이트법).

❸ 반죽온도는 27℃를 표준으로 하시오.

❹ 분할무게는 30g, 길이는 35~40cm로 성형하시오.

❺ 반죽은 전량을 사용하여 성형하시오.

배합표 작성

재료명	비율(%)	무게(g)
강력분	100	700
설탕	1	7(6)
건조 로즈마리	0.14	1(2)
소금	2	14
이스트	3	21(22)
버터	12	84
올리브유	2	14
물	62	434
계	182.14	1,275(1,276)

제조방법

❶ 재료 계량
- 재료를 담는 용기에 계량하여 무게를 측정하고, 재료별로 진열해 놓는다.
- 전 재료를 제한시간(8분) 내에 손실없이 정확히 계량하여 감점요인을 없앤다.

❷ 반죽 제조방법
- 우선 계량된 물의 일부를 사용해서 이스트를 물에 풀어 용해시켜 놓는다.
- 가루재료를 체에 걸러 놓는다. ⇨ 이물질 제거, 재료를 분산, 재료에 공기를 혼입하여 양질의 제품을 생산하기 위함이다.
- 모든 재료를 믹싱볼에 넣고 저속으로 믹싱한다 ⇨ 수화작용
- 중속으로 가속시킨 후 발전단계 초기까지 믹싱한다.
- 반죽온도 27℃±1℃로 유지할 것

❸ 1차발효
- 발효실 온도 27℃, 상대습도 75%의 조건을 충족하는 발효기에서 약 15~25분간 발효한다.
- 일반 빵류 제품의 약 40~45% 정도까지만 발효시킨다.

❹ 분할
- 분할 : 최초 제시된 대로 30g씩 분할한다.
- 분할 도중에 글루텐막의 손상이 있으므로 짧은 시간 내에 분할하여 순서대로 둥글리기를 해놓는다.
- 길게 밀어 펴는 제품이므로 동그랗게 둥글리기하기보다는 길쭉한 형태로 중간발효하는 것이 다음 과정을 위해 더 용이하다.

 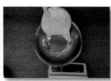 

❺ 중간발효
- 반죽의 표면이 건조되는 것을 방지하기 위해서 비닐 또는 적신 광목천 등으로 덮어놓는다.
- 중간발효시간이 짧은 경우 밀어 펴기 작업 등의 가공이 어렵고, 과하게 진행된 경우 반죽이 지치게 된다.

❻ 성형

– 일단 반죽을 처음부터 완전히 밀어 펴지 말고 중간 정도의 크기까지만 밀어 편 후 약간의 휴지시간을 준 다음 완성시키는 것이 요령이다.

– 약 35~40cm까지 두께를 고르게 밀어서 팬에 가지런히 놓는다.

❼ 패닝

– 일정한 간격을 두고 한 평철판에 반죽을 패닝한다.

– 반죽의 윗면에 달걀물칠을 하여 덧가루를 털어내고 광택을 내준다.

– 달걀물칠을 과도하게 하면 구웠을 때 반죽 가장자리와 바닥면의 모양이 좋지 않으므로 윗면에 고르게 조금씩만 바른다.

❽ 2차발효

– 발효실온도 35℃ 정도, 상대습도 85% 정도의 조건에서 약 20~30분 정도 발효시킨다.

– 2차발효의 경우 1차발효와는 다르게 시간보다는 상태를 점검해 가며 발효시키는 것이 중요하다. ⇨ 기존 반죽의 약 2배 정도까지 발효시키는 것이 좋다.

❾ 굽기

– 오븐온도 : 180~190℃에서 12~15분간 굽는다.

– 오븐의 위치 등에 따라 온도 차이가 있으므로, 일정 시간이 경과하면 철판의 위치를 바꾸어 전체적으로 균일한 색이 나도록 한다.

`TIP*`
• 반죽을 너무 치대면 수축성이 심해서 밀어서 성형하기가 쉽지 않으므로 반죽의 단계를 잘 지킨다.
• 또한 반죽을 한번에 늘이기보다는 휴지시간을 두면서 성형하는 것이 반죽 늘이기에 더 용이하다.

`TIP**`
• 막대모양의 빵으로 분할한 반죽을 한번에 성형하고자 하면 중간에 끊어지거나 두께가 일정하게 나오지 않으므로 중간 정도의 크기까지 한번 밀어 성형한 후 휴지시간을 두고 완성시키는 것이 요령이다.

시험시간
3시간 40분

밤식빵(Chestnut Bread)

제빵기능사

밤은 일본밤, 중국밤, 미국밤, 유럽밤 등이 있는데 한국밤은 일본밤을 개량한 종이다. 재료에 사용되는 밤은 당을 첨가한 설탕시럽에 절여놓은 당절임 밤으로 반죽 속에 첨가하여 제품을 제조하므로 실제 밤식빵 제조 시에는 당분을 약간 제거하여 사용하는 것이 속결을 좀 더 양호하게 만들 수 있다.

요구사항

※ 밤식빵을 제조하여 제출하시오.

❶ 반죽 재료를 계량하여 재료별로 진열하시오(10분).

- 재료계량(각 재료당 1분) → [감독위원 계량확인] → 작품제조 및 정리정돈(전체 시험시간-재료계량시간)
- 재료계량 시간 내에 계량을 완료하지 못하여 시간이 초과된 경우 및 계량을 잘못한 경우는 추가의 시간 부여 없이 작품제조 및 정리정돈 시간을 활용하여 요구사항의 무게대로 계량
- 달걀의 계량은 감독위원이 지정하는 개수로 계량

❷ 반죽은 스트레이트법(Straight Method)으로 제조하시오.

❸ 반죽온도는 27℃로 설정하시오.

❹ 분할무게는 450g으로 하고, 성형 시 450g의 반죽에 통조림 밤 80g을 넣고 정형하시오(한 덩이 : One Loaf).

❺ 토핑물을 제조하여 굽기 전에 토핑하고 아몬드를 뿌리시오.

❻ 반죽은 전량을 사용하여 성형하시오.

배합표 작성

반죽

재료명	비율(%)	무게(g)
강력분	80	960
중력분	20	240
물	52	624
이스트	4.5	54
제빵개량제	1	12
소금	2	24
설탕	12	144
버터	8	96
탈지분유	3	36
달걀	10	120
계	192.5	2,310

토핑

재료명	비율(%)	무게(g)
마가린	100	100
설탕	60	60
베이킹파우더	2	2
달걀	60	60
중력분	100	100
아몬드 슬라이스	50	50
계	372	372

※ 계량시간에서 제외

충전물

재료명	비율(%)	무게(g)
밤(다이스) (시럽 제외)	35	420

※ 계량시간에서 제외

제조방법

❶ 재료 계량
- 재료를 담는 용기에 계량하여 무게를 측정하고, 재료별로 진열해 놓는다.
- 전 재료를 제한시간(10분) 내에 손실없이 정확히 계량하여 감점요인을 없앤다.

❷ 반죽 제조방법
- 우선 계량된 물의 일부를 사용해서 이스트를 물에 풀어 용해시켜 놓는다.
- 가루재료를 체에 걸러 놓는다. ➪ 이물질 제거, 재료를 분산, 재료에 공기를 혼입하여 양질의 제품을 생산하기 위함이다.
- 마가린을 제외한 모든 재료를 믹싱볼에 넣고 저속으로 믹싱한다. ➪ 수화작용
- 중속으로 가속시킨 후 클린업단계까지 믹싱한 후 마가린을 넣고 최종단계까지 믹싱한다.
- 반죽온도 27℃±1℃로 유지할 것

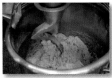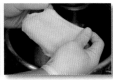

❸ 1차발효
- 발효실 온도 27℃, 상대습도 75%의 조건을 충족하는 발효기에서 약 80~90분간 발효한다.
- 1차발효의 완성시점을 구분하는 방법은 최초 반죽부피의 3~3.5배 정도의 크기, 유연한 섬유질로 인해 반죽 가장 자리를 들어봤을 때 거미줄 모양의 그물조직이 나타나거나, 손가락 테스트 등으로 숙성이 최적인 상태까지 발효한다.

❹ 분할
- 분할 : 최초 제시된 대로 450g씩 분할한다.
- 분할도중에 발효가 진행되므로 가능한 한 짧은 시간 내에 분할하여 순서대로 둥글리기를 해놓는다.

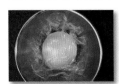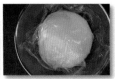

❺ 중간발효
- 반죽의 표면이 건조되는 것을 방지하기 위해서 비닐 또는 적신 광목천 등으로 덮어놓는다.
- 중간발효시간이 짧은 경우 밀어 펴기 작업 등의 가공이 어렵고, 과하게 진행된 경우 반죽이 지치게 된다.

❻ 성형
- 덧가루를 살짝 뿌리고 반죽을 밀대로 밀어 펴 가스를 빼준다.
- 길이방향으로 약 20cm 정도 밀어 펴기를 한다. 이때 두께가 일정하게 유지되도록 균일한 힘으로 길게 밀어 펴야 성형했을 경우 모양이 좋다.
- 타원형으로 길게 밀어 편 후 주어진 양의 밤을 골고루 뿌리고 한번 눌러준 후 둥글게 말아 성형한다.

❼ 패닝

- 밤식빵 틀에 반죽을 패닝한다.
- 이음매가 아래로 일자로 향하게 하여 패닝한다.
- 손등으로 윗면을 골고루 눌러준다.

❽ 2차발효

- 발효실온도 35℃ 정도, 상대습도 85% 정도의 조건에서 약 30~40분 정도 발효시킨다.
- 2차발효의 경우 1차발효와는 다르게 시간보다는 상태를 점검해 가며 발효시키는 것이 중요하다.
- 밤식빵의 경우 틀에 굽는 제품이라 틀 높이보다 2cm 정도 모자라게 발효한 후 토핑한다.
- 토핑용 반죽은 2차발효 후 실온에서 약 5분 정도 건조시킨 후 토핑용 반죽을 짤주머니로 얇고 고르게 펴 바른다.
- 2차발효는 식빵틀높이의 80~85% 정도가 적당하다. ➪ 밤의 당도로 인해 팽창이 다소 크다.
- 과하지 않게 토핑을 하고 아몬드 슬라이스를 적당히 뿌리고 굽는다.

❾ 굽기

- 오븐온도 : 180~190℃에서 30~40분간 굽는다.
- 오븐의 위치 등에 따라 온도차이가 있으므로, 일정시간이 경과하면 식빵틀의 위치를 바꾸어 전체적으로 균일한 색이 나도록 한다.
- 바닥면, 옆면이 골고루 색이 나야 틀에서 분리했을 때 주저앉지 않으므로 식빵틀 아래 구멍을 통해 색을 확인한 후 꺼낸다.

TIP*
- 분할무게와 비교하여 부피가 알맞게 되어야 하고 모양이 균일하여야 한다. 찌그러짐이 없고 균일한 모양을 지니고 균형을 이루어야 한다. 오븐 특성에 따라 윗면의 색깔이 진하게 날 경우 종이를 덮어서 굽는 시간을 조절하고 오븐에서 꺼내야 주저앉지 않는다.

TIP**
- 슬라이스한 밤을 넣고 만든 식빵이므로 반죽을 밀어서 성형할 때 단단하게 말아주어야 한다. 즉, 공기를 충분히 빼고 촘촘히 말아서 성형해야 완성품의 절단면에 구멍이 생기지 않고 균일한 제품을 얻을 수 있다.

TIP***
- 당절임 밤 사용 시 시럽에 절여져 있으므로 밤 주변의 반죽 속 이스트가 활성화되어 완성품 절단 시 기공이 크게 생길수 있으므로 밤을 물에 헹구거나 담가놓은 후 사용하는 것이 속결의 균일함을 얻을 수 있다.

시험시간
3시간 30분

베이글(Bagle)

제빵기능사

베이글은 기원전 유대민족이 광야에서 처음 만들어 먹기 시작한 역사 깊은 빵의 한 종류이다. 이러한 베이글은 캐나다를 거쳐 미국으로 전파되었는데 최근에는 아침식사 대용으로 큰 인기를 끌고 있으며 유지류나 달걀이 전혀 들어가지 않아 오래두고 먹을 수 있는 제품으로 굽기 전 끓는 물에 살짝 튀겨내는 과정을 통해 쫄깃한 식감을 느낄 수 있는 제품이다.

요구사항

※ 베이글을 제조하여 제출하시오.

❶ 배합표의 각 재료를 계량하여 재료별로 진열하시오(7분).

- 재료계량(각 재료당 1분) → [감독위원 계량확인] → 작품제조 및 정리정돈(전체 시험시간-재료계량시간)
- 재료계량 시간 내에 계량을 완료하지 못하여 시간이 초과된 경우 및 계량을 잘못한 경우는 추가의 시간 부여 없이 작품제조 및 정리정돈 시간을 활용하여 요구사항의 무게대로 계량
- 달걀의 계량은 감독위원이 지정하는 개수로 계량

❷ 반죽은 스트레이트법으로 제조하시오.

❸ 반죽온도는 27℃를 표준으로 하시오.

❹ 1개당 분할중량은 80g으로 하고 링모양으로 정형하시오.

❺ 반죽은 전량을 사용하여 성형하시오.

❻ 2차발효 후 끓는 물에 데쳐 패닝하시오.

❼ 팬 2개에 완제품 16개를 구워 제출하고 남은 반죽은 감독위원의 지시에 따라 별도로 제출하시오

배합표 작성

재료명	비율(%)	무게(g)
강력분	100	800
물	55~60	440~480
이스트	3	24
제빵개량제	1	8
소금	2	16
설탕	2	16
식용유	3	24
계	166~171	1,328~1,368

❶ 재료 계량

   – 재료를 담는 용기에 계량하여 무게를 측정하고, 재료별로 진열해 놓는다.

   – 전 재료를 제한시간(7분) 내에 손실없이 정확히 계량하여 감점요인을 없앤다.

❷ 반죽 제조방법

   – 우선 계량된 물의 일부를 사용해서 이스트를 물에 풀어 용해시켜 놓는다.

   – 가루재료를 체에 걸러 놓는다. ⇨ 이물질 제거, 재료를 분산, 재료에 공기를 혼입하여 양질의 제품을 생산하기 위함이다.

   – 반죽재료를 넣고 최종단계 초기까지 믹싱을 한 후 1차발효를 실시한다.

❸ 1차발효

   – 발효실 온도 27℃, 상대습도 75%의 조건을 충족하는 발효기에서 약 60~70분간 발효한다.

   – 1차발효의 완성시점을 구분하는 방법은 최초반죽부피의 3~3.5배 정도 크기, 유연한 섬유질로 인해 반죽 가장자리를 들어봤을 때 거미줄모양의 그물조직이 나타나거나, 손가락 테스트 등으로 숙성이 최적인 상태까지 발효한다.

❹ 성형

   – 1차발효가 완료되면 반죽을 80g씩 분할하여 둥글리기 후 중간발효를 한다. 이때 수분이 마르지 않도록 비닐 등을 덮어 상온 혹은 발효기에서 발효를 한다.

   – 반죽을 길게 밀어 편 후 3겹으로 접어 두께 1.5~2cm 정도로 25cm까지 늘린다.

   – 양쪽 끝은 물을 발라 분리되지 않게 붙인 후 이음새가 보이지 않도록 가공 후 바닥면으로 오게 해서 2차발효를 실시한다.

   – 2차발효는 약 15cm 정도의 정사각형 종이 위에 성형한 반죽을 올려놓고 실시하는데 이유는 발효가 완성된 제품을 굽기 전에 끓는 물에 튀기는 데 용이하고 모양이 흐트러지지 않도록 효율적으로 활용하기 위함이다.

❺ 2차발효

- 발효실 온도 35℃ 정도, 상대습도 85% 정도의 조건에서 약 30~40분 정도 발효시킨다.
- 2차발효의 경우 1차발효와는 다르게 시간보다는 상태를 점검해 가며 발효시키는 것이 중요하다.
- 반죽의 부피가 1.5배 정도까지만 발효시킨다.
- 발효시킨 반죽을 종이째 들어서 끓는 물에 조심스레 반죽을 뒤집어서 앞뒤로 도넛 튀기듯이 살짝 데친 후 패닝한다.
- 끓는 물은 맹물을 사용해도 되나 설탕 등을 조금 넣고 끓여서 사용하는 것이 굽기과정 중 제품색을 완성하는 데 도움이 된다.

❻ 굽기

- 끓는 물에 튀겨진 반죽을 상온에 5~10분 정도 냉각 및 건조시킨 후 오븐에 굽는다.
- 오븐에 넣고 190~200℃에서 25분 정도 구워져 나온 제품에 광택제 등을 바른다.

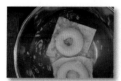  

TIP*

- 2차발효 전 팬에 올려놓을 때에는 종이에 올려야 2차발효 후 끓는 물에 데치는 공정에서 반죽의 모양이 상하지 않는다.

TIP**

- 끓는 물에 튀길 때 종이에 놓인 바닥면을 물에 먼저 담그면 종이가 반죽과 쉽게 분리되며 튀길 때는 윗면부터 튀기는 것이 모양이 좋다.

스위트롤(Sweet Roll)

단과자빵의 형태가 일본의 것이라면 이것을 미국식으로 개발한 형태가 바로 스위트롤이다.
단 충전물을 반죽 사이에 펴바르고 말아올린 형태로 미국인의 아침식사 대용으로도 자리 잡고
있다.

요구사항

※ 스위트롤을 제조하여 제출하시오.

❶ 배합표의 각 재료를 계량하여 재료별로 진열하시오(9분).

- 재료계량(각 재료당 1분) → [감독위원 계량확인] → 작품제조 및 정리정돈(전체 시험시간-재료계량시간)
- 재료계량 시간 내에 계량을 완료하지 못하여 시간이 초과된 경우 및 계량을 잘못한 경우는 추가의 시간 부여 없이 작품제조 및 정리정돈 시간을 활용하여 요구사항의 무게대로 계량
- 달걀의 계량은 감독위원이 지정하는 개수로 계량

❷ 반죽은 스트레이트법(Straight Method)으로 제조하시오(단, 유지는 클린업단계에 첨가하시오).

❸ 반죽온도는 27℃로 설정하시오.

❹ 반죽은 야자잎형 12개, 트리플리프(세잎새형) 9개를 만드시오.

❺ 계피설탕은 각자가 제조하여 사용하시오.

❻ 성형 후 남은 반죽은 감독위원의 지시에 따라 별도로 제출하시오.

배합표 작성

반죽

재료명	비율(%)	무게(g)
강력분	100	900
물	46	414
이스트	5	45(46)
제빵개량제	1	9(10)
소금	2	18
설탕	20	180
쇼트닝	20	180
탈지분유	3	27(28)
달걀	15	135(136)
계	212	1,908(1,912)

충전용 재료

재료명	비율(%)	무게(g)
설탕	15	135(136)
계핏가루	1.5	13.5(14)

※ 계량시간에서 제외

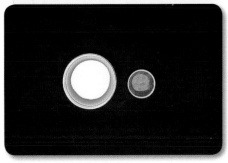

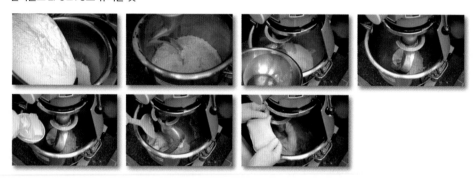

제조방법

❶ 재료 계량

- 재료를 담는 용기에 계량하여 무게를 측정하고, 재료별로 진열해 놓는다.
- 전 재료를 제한시간(9분) 내에 손실없이 정확히 계량하여 감점요인을 없앤다.

❷ 반죽 제조방법

- 우선 계량된 물의 일부를 사용해서 이스트를 물에 풀어 용해시켜 놓는다.
- 가루재료를 체에 걸러 놓는다. ⇨ 이물질 제거, 재료를 분산, 재료에 공기를 혼입하여 양질의 제품을 생산하기 위함이다.
- 쇼트닝을 제외한 모든 재료를 믹싱볼에 넣고 저속으로 믹싱한다. ⇨ 수화작용
- 중속으로 가속시킨 후 클린업단계까지 믹싱한 후 쇼트닝을 넣고 최종단계까지 믹싱한다.
- 반죽온도 27℃±1℃로 유지할 것

❸ 1차발효

- 발효실 온도 27℃, 상대습도 75%의 조건을 충족하는 발효기에서 약 80~90분간 발효한다.
- 1차발효의 완성시점을 구분하는 방법은 최초 반죽부피의 3~3.5배 정도 크기, 유연한 섬유질로 인해 반죽 가장자리를 들어봤을 때 거미줄 모양의 그물조직이 나타나거나, 손가락 테스트 등으로 숙성이 최적인 상태까지 발효한다.

❹ 분할 및 성형

- 반죽을 두께 0.5cm 세로 30cm의 직사각형으로 밀어 펴기하고 모서리부분은 각이 지도록 한다.
- 직사각형으로 만든 반죽을 끝부분의 봉합할 부분 약 1cm 정도를 남기고 물스프레이 후 충전용 계피설탕을 골고루 뿌려준다.
- 균일한 두께로 단단하게 원통형으로 말아가면서 끝부분은 물이나 달걀물칠을 해서 이음매를 단단히 붙인다.
- 단단히 붙이지 않을 경우 2차발효 시 벌어질 우려가 있으므로 주의한다.
- 야자잎 : 길이로 4cm 정도 자른 후 가운데를 2/3 정도 자른다.
- 가운데 자른 부분을 벌려서 모양을 잡는다.
- 트리플리프 : 길이로 5cm 정도 자른 후 3등분하여 각각의 2/3 정도만 자른다.

- 자른 부분을 벌려주면서 모양을 잡는다.
- 모양을 잡을 때 균형감있게 벌려주어야 굽기과정 중 모양이 잡힌다.

  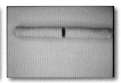

❺ 패닝
- 일정한 간격을 두고 평철판에 6~8개 정도의 반죽을 패닝한다.
- 반죽의 윗면에 달걀물칠을 하여 덧가루를 털어내고 광택을 내어준다.
- 달걀물칠을 과도하게 하면 구웠을 때 반죽의 가장자리가 모양이 좋지 않으므로 윗면에 고르게 바른다.

❻ 2차발효
- 발효실온도 35℃ 정도, 상대습도 85% 정도의 조건에서 약 30~40분 정도 발효시킨다.
- 2차발효의 경우 1차발효와는 다르게 시간보다는 상태를 점검해 가며 발효시키는 것이 중요하다.

❼ 굽기
- 오븐온도 : 200~210℃에서 12~15분간 굽는다.
- 오븐의 위치 등에 따라 온도차이가 있으므로, 일정시간이 경과하면 철판의 위치를 바꾸어 전체적으로 균일한 색이 나도록 한다.

TIP*
- 길이방향의 밀어 펴기가 바로 성형과정이므로 일정한 두께가 나오도록 주의해야 하며, 밀어 펴기 시 성형 모양이 전체적인 균형이 맞도록 주의하는 것이 중요하다.
- 밀어 펴기는 한쪽 방향만 하기보다는 사방으로 가로세로 균형있게 밀어 펴는 것이 모양이 좋다.

TIP**
- 말아서 성형하는 제품이므로 말아놓은 반죽을 바로 자르지 말고, 일정시간 휴지를 두는 것이 좋고, 두께는 일정하게 해야 절단했을 때 반죽의 두께와 충전용 계피설탕의 균형감이 좋아야 나중에 구워져 나왔을 때 완성품의 모양이 좋다.

우유식빵(Milk Pan Bread)

제빵기능사

반죽에 우유란 액체를 사용할 경우 고형분의 비율을 고려하여 배합표를 산출한다. 유당으로 인해 구운 색이 다소 빠르게 나며 이에 따라 굽기과정에 주의가 필요하다.

요구사항

※ 우유식빵을 제조하여 제출하시오.

❶ 배합표에서 제시된 각각의 재료를 재료별로 나누어 진열하시오(8분).

- 재료계량(각 재료당 1분) → [감독위원 계량확인] → 작품제조 및 정리정돈(전체 시험시간-재료계량시간)
- 재료계량 시간 내에 계량을 완료하지 못하여 시간이 초과된 경우 및 계량을 잘못한 경우는 추가의 시간 부여 없이 작품제조 및 정리정돈 시간을 활용하여 요구사항의 무게대로 계량
- 달걀의 계량은 감독위원이 지정하는 개수로 계량

❷ 반죽은 스트레이트법(Straight Method)으로 제조하시오(단, 유지는 클린업단계에서 첨가하시오).

❸ 반죽온도는 27℃로 설정하시오.

❹ 표준분할 무게는 180g으로 하고, 제시된 팬의 용량을 감안하여 결정하시오(단, 분할무게×3개를 1개의 식빵으로 함).

❺ 반죽은 전량을 사용하여 성형하시오.

배합표 작성

재료명	비율(%)	무게(g)
강력분	100	1,200
우유	40	480
물	29	348
이스트	4	48
제빵개량제	1	12
소금	2	24
설탕	5	60
쇼트닝	4	48
계	185	2,220

❶ 재료 계량

  – 재료를 담는 용기에 계량하여 무게를 측정하고, 재료별로 진열해 놓는다.

  – 전 재료를 제한시간(8분) 내에 손실없이 정확히 계량하여 감점요인을 없앤다.

❷ 반죽 제조방법

  – 우선 계량된 물의 일부를 사용해서 이스트를 물에 풀어 용해시켜 놓는다.

  – 가루재료를 체에 걸러 놓는다. ⇨ 이물질 제거, 재료를 분산, 재료에 공기를 혼입하여 양질의 제품을 생산하기 위함이다.

  – 쇼트닝을 제외한 모든 재료를 믹싱볼에 넣고 저속으로 믹싱한다. ⇨ 수화작용

  – 중속으로 가속시킨 후 클린업단계까지 믹싱한 후 쇼트닝을 넣고 최종단계까지 믹싱한다.

  – 반죽온도 27℃±1℃로 유지할 것

❸ 1차발효

  – 발효실 온도 27℃, 상대습도 75%의 조건을 충족하는 발효기에서 약 80～90분간 발효한다.

  – 1차발효의 완성시점을 구분하는 방법은 최초 반죽부피의 3～3.5배 정도 크기, 유연한 섬유질로 인해 반죽 가장자리를 들어봤을 때 거미줄 모양의 그물조직이 나타나거나, 손가락 테스트 등으로 숙성이 최적인 상태까지 발효한다.

❹ 분할

  – 분할 : 최초 제시된 대로 주어진 식빵틀에 맞추어 분할량을(약 180g) 결정하여 3덩어리를 분할한다.

  – 분할도중에 발효가 진행되므로 가능한 한 짧은 시간 내에 분할하여 순서대로 둥글리기를 해놓는다.

❺ 중간발효

  – 반죽의 표면이 건조되는 것을 방지하기 위해서 비닐 또는 적신 광목천 등으로 덮어놓는다.

  – 중간발효시간이 짧은 경우 밀어 펴기 작업 등의 가공이 어렵고, 과하게 진행된 경우 반죽이 지치게 된다.

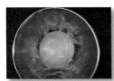   

❻ 성형

- 덧가루를 살짝 뿌리고 반죽을 밀대로 밀어 펴 가스를 빼준다.
- 타원형으로 밀어 펴기를 한다. 이때 밀대를 중간에서 위, 아래로 고루 밀어서 가스를 충분히 빼준다.
- 1/3씩 위, 아래로 접어서 90도로 회전해 주고 위에서 아래로 말아서 성형한다.

❼ 패닝

- 성형한 반죽의 이음매가 바닥을 향하게 하여 한 팬에 3덩이씩 일정하게 간격을 맞추어 패닝한다.
- 손등으로 반죽의 윗면을 가볍게 눌러준다(제품의 밑면이 평평하게 잘 나오도록 하기 위함).

❽ 2차발효

- 발효실온도 35℃ 정도, 상대습도 85% 정도의 조건에서 약 30~40분 정도 발효시킨다.
- 2차발효의 경우 1차발효와는 다르게 시간보다는 상태를 점검해 가며 발효시키는 것이 중요하다.
- 반죽의 부피가 식빵팬높이의 약 1cm 더 올라오는 시점까지 발효시킨다.
- 산형 식빵의 경우 오븐스프링 후 다소 가라앉는 것을 고려하여 발효종료시점을 판단한다.

❾ 굽기

- 오븐온도 : 180~200℃에서 35~40분간 굽는다.
- 오븐의 위치 등에 따라 온도차이가 있고, 보통식빵보다 유당성분으로 인해 색깔이 빨리 나므로 주의하도록 한다.

TIP*
- 반죽 3덩어리가 고르게 발효되도록 성형할 때부터 좌우대칭이 되도록 균형이 맞아야 완성품의 모양이 잘 나온다.
  또한 성형 시 가스를 충분히 빼주어야 기공의 공동화현상이 생기지 않는다.

단과자빵 (트위스트형) (Sweet Dough Bread)

제빵기능사

빵의 주재료인 설탕, 버터, 달걀 등이 다량 함유된 고배합 반죽 빵으로 일본식 빵이라 할 수 있다.

배점
제조공정 55점
제품평가 45점

요구사항

※ 단과자빵(트위스트형)을 제조하여 제출하시오.

❶ 배합표의 각 재료를 계량하여 재료별로 진열하시오(9분).

- 재료계량(각 재료당 1분) → [감독위원 계량확인] → 작품제조 및 정리정돈(전체 시험시간-재료계량시간)
- 재료계량 시간 내에 계량을 완료하지 못하여 시간이 초과된 경우 및 계량을 잘못한 경우는 추가의 시간 부여 없이 작품제조 및 정리정돈 시간을 활용하여 요구사항의 무게대로 계량
- 달걀의 계량은 감독위원이 지정하는 개수로 계량

❷ 반죽은 스트레이트법으로 제조하시오(단, 유지는 클린업 단계에 첨가하시오).

❸ 반죽온도는 27℃를 표준으로 하시오.

❹ 반죽분할 무게는 50g이 되도록 하시오.

❺ 모양은 8자형 12개, 달팽이형 12개로 2가지 모양으로 만드시오.

❻ 완제품 24개를 성형하여 제출하고, 남은 반죽은 감독위원의 지시에 따라 별도로 제출하시오.

배합표 작성

재료명	비율(%)	무게(g)
강력분	100	900
물	47	422
이스트	4	36
제빵개량제	1	8
소금	2	18
설탕	12	108
쇼트닝	10	90
분유	3	26
달걀	20	180
계	199	1,788

제조방법

❶ 재료 계량
- 재료를 담는 용기에 계량하여 무게를 측정하고, 재료별로 진열해 놓는다.
- 전 재료를 제한시간(9분) 내에 손실없이 정확히 계량하여 감점요인을 없앤다.

❷ 반죽 제조방법
- 우선 계량된 물의 일부를 사용해서 이스트를 물에 풀어 용해시켜 놓는다.
- 가루재료를 체에 걸러 놓는다. ⇨ 이물질 제거, 재료를 분산, 재료에 공기를 혼입하여 양질의 제품을 생산하기 위함이다.
- 쇼트닝을 제외한 모든 재료를 믹싱볼에 넣고 저속으로 믹싱한다. ⇨ 수화작용
- 중속으로 가속시킨 후 클린업단계까지 믹싱한 후 쇼트닝을 넣고 최종단계까지 믹싱한다.
- 반죽온도 27℃±1℃로 유지할 것

❸ 1차발효
- 발효실 온도 27℃, 상대습도 75%의 조건을 충족하는 발효기에서 약 80~90분간 발효한다.
- 1차발효의 완성 시점을 구분하는 방법은 최초 반죽부피의 3~3.5배 정도 크기, 유연한 섬유질로 인해 반죽 가장자리를 들어봤을 때 거미줄 모양의 그물조직이 나타나거나, 손가락 테스트 등으로 숙성이 최적인 상태까지 발효한다.

❹ 분할
- 분할 : 최초 제시된 대로 50g씩 분할한다.
- 분할도중에 발효가 진행되므로 가능한 한 짧은 시간 내에 분할하여 순서대로 둥글리기를 해놓는다.

❺ 중간발효

– 반죽의 표면이 건조되는 것을 방지하기 위해서 비닐 또는 적신 광목천 등으로 덮어놓는다(10~20분 정도).

– 중간발효 시간이 짧은 경우 밀어 펴기 작업 등의 가공이 어렵고, 과하게 진행된 경우 반죽이 지치게 된다.

❻ 성형

– 덧가루를 살짝 뿌리고 반죽을 손으로 길게 밀어 펴 가스를 빼준다.

– 길이 방향으로 약 25cm 정도 밀어 펴기를 한다. 이때 굵기가 일정하게 유지되도록 균일한 힘으로 길게 밀어야 성형했을 경우 모양이 좋다.

– 감독관의 지시에 따라 트위스트형, 달팽이형으로 성형한다.

❼ 패닝

– 일정한 간격을 두고 평철판에 8개 정도의 반죽을 패닝한다.

– 반죽의 윗면에 달걀물칠을 하여 덧가루를 털어내고 광택을 내어준다.

– 달걀물칠을 과도하게 하면 구웠을 때 반죽 가장자리가 모양이 좋지 않으므로 윗면에 고르게 바른다.

❽ 2차발효

– 발효실온도 35℃ 정도, 상대습도 85% 정도의 조건에서 약 30~40분 정도 발효시킨다.

– 2차발효의 경우 1차발효와는 다르게 시간보다는 상태를 점검해 가며 발효시키는 것이 중요하다.

❾ 굽기

– 오븐온도 : 200~210℃에서 12~15분간 굽는다.

– 오븐의 특성에 따라 온도차이가 있으므로, 일정시간이 경과하면 철판의 위치를 바꾸어 전체적으로 균일한 색이 나도록 한다.

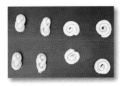

TIP*

• 길이방향의 밀어 펴기가 바로 성형과정이므로 일정한 두께가 나오도록 주의해야 하며, 밀어 펴기 시 성형 모양이 전체적인 균형이 맞도록 주의하는 것이 중요하다. 특히 중간발효 과정이 부족할 경우 이런 현상이 많이 나타나는데 서두르지 않고 조금 더 진행시킨 후 성형하는 것이 좋다.

단과자빵 (크림빵)(Cream Bread)

제빵기능사

일본 동경의 긴자에 긴자 기무라야라는 빵집에서 개발된 제품 중의 하나로 지금은 일본의 독창적인 빵의 형태로 자리 잡은 앙금빵, 크림빵, 메론빵, 잼빵 등이 다 여기서 비롯되었다.

요구사항

※ **단과자빵(크림빵)을 제조하여 제출하시오.**

❶ 배합표의 각 재료를 계량하여 재료별로 진열하시오(9분).

- 재료계량(각 재료당 1분) → [감독위원 계량확인] → 작품제조 및 정리정돈(전체 시험시간-재료계량시간)
- 재료계량 시간 내에 계량을 완료하지 못하여 시간이 초과된 경우 및 계량을 잘못한 경우는 추가의 시간 부여 없이 작품제조 및 정리정돈 시간을 활용하여 요구사항의 무게대로 계량
- 달걀의 계량은 감독위원이 지정하는 개수로 계량

❷ 반죽은 스트레이트법으로 제조하시오(단, 유지는 클린업 단계에 첨가하시오).

❸ 반죽온도는 27℃를 표준으로 하시오.

❹ 반죽 1개의 분할무게는 45g, 1개당 크림 사용량은 30g으로 제조하시오.

❺ 제품 중 12개는 크림을 넣은 후 굽고, 나머지 12개는 반달형으로 크림을 충전하지 말고 제조하시오.

❻ 남은 반죽은 감독위원의 지시에 따라 별도로 제출하시오.

- -

배합표 작성

반죽

재료명	비율(%)	무게(g)
강력분	100	800
물	53	424
이스트	4	32
제빵개량제	2	16
소금	2	16
설탕	16	128
쇼트닝	12	96
분유	2	16
달걀	10	80
계	201	1,608

충전용 재료

재료명	비율(%)	무게(g)
커스터드 크림	(1개당 30g)	360

※ 계량시간에서 제외

제조방법

❶ 재료 계량

- 재료를 담는 용기에 계량하여 무게를 측정하고, 재료별로 진열해 놓는다.
- 전 재료를 제한시간(9분) 내에 손실없이 정확히 계량하여 감점요인을 없앤다.

❷ 반죽 제조방법

- 우선 계량된 물의 일부를 사용해서 이스트를 물에 풀어 용해시켜 놓는다.
- 가루재료를 체에 걸러 놓는다. ⇨ 이물질 제거, 재료를 분산, 재료에 공기를 혼입하여 양질의 제품을 생산하기 위함이다.
- 쇼트닝을 제외한 모든 재료를 믹싱볼에 넣고 저속으로 믹싱한다. ⇨ 수화작용
- 중속으로 가속시킨 후 클린업단계까지 믹싱한 후 쇼트닝을 넣고 최종단계까지 믹싱한다.
- 반죽온도 27℃±1℃로 유지할 것

❸ 1차발효

- 발효실 온도 27℃, 상대습도 75%의 조건을 충족하는 발효기에서 약 80~90분간 발효한다.
- 1차발효의 완성시점을 구분하는 방법은 최초 반죽부피의 3~3.5배 정도 크기, 유연한 섬유질로 인해 반죽 가장자리를 들어봤을 때 거미줄 모양의 그물조직이 나타나거나, 손가락 테스트 등으로 숙성이 최적인 상태까지 발효한다.

❹ 분할

- 분할 : 최초 제시된 대로 45g씩 분할한다.
- 분할도중에 발효가 진행되므로 가능한 한 짧은 시간 내에 분할하여 순서대로 둥글리기를 해놓는다.

❺ 중간발효

- 반죽의 표면이 건조되는 것을 방지하기 위해서 비닐 또는 적신 광목천 등으로 덮어놓는다(10~20분 정도).
- 중간발효 시간이 짧은 경우 밀어 펴기 작업 등의 가공이 어렵고, 과하게 진행된 경우 반죽이 지치게 된다.

❻ 성형

- 덧가루를 살짝 뿌리고 반죽을 밀대로 타원형으로 밀어 펴 가스를 빼준다.
- 길이방향으로 밀어 펴기를 한 후, 두께가 일정하게 유지되도록 균일한 힘으로 길게 밀어야 성형했을 경우 모양이 좋다.
- 감독관의 지시에 따라 반달형, 글로브형 등으로 성형한다.
- 크림을 충전할 모양인 글로브형은 크림을 넣고 반으로 접어서 스크레이퍼로 칼집을 낸다. 이때 깊숙이 넣으면 크림이 흘러나올 수 있으므로 약간 모자란 듯 크림이 닿지 않는 부분까지만 모양을 신경 써서 내는 것이 중요하다.
- 반달형의 경우 밀어 편 후 식용유를 바르고 접어서 패닝해야 구워져 나온 후 사이에 크림을 바를 수 있다.

❼ 패닝

- 일정한 간격을 두고 한 평철판에 8개 정도의 반죽을 패닝한다.
- 반죽의 윗면에 달걀물칠을 하여 덧가루를 털어내고 광택을 내어준다.
- 달걀물칠을 과도하게 하면 구웠을 때 반죽 가장자리가 모양이 좋지 않으므로 윗면에 고르게 바른다.

❽ 2차발효

- 발효실온도 35℃ 정도, 상대습도 85% 정도의 조건에서 약 30~40분 정도 발효시킨다.
- 2차발효의 경우 1차발효와는 다르게 시간보다는 상태를 점검해 가며 발효시키는 것이 중요하다.

❾ 굽기

- 오븐온도 : 200~210℃에서 12~15분간 굽는다.
- 오븐의 위치 등에 따라 온도차이가 있으므로, 일정시간이 경과하면 철판의 위치를 바꾸어 전체적으로 균일한 색이 나도록 한다.
- 구워져 나오면 반달형의 경우 제품의 사이에 크림을 충전시켜 완성한다.

> **TIP***
> • 밀어 펴기를 할 때 처음부터 목표로 한 길이로 밀어 펴지 말고 중간크기로 한번 밀어 편 후 휴지시간을 두고 다시 밀어 펴면 훨씬 수월하게 작업할 수 있다.
>
> **TIP****
> • 크림을 채우지 않는 반달형의 경우 실수하기 쉬운 사례가 밀어 편 후 그냥 접어서 굽는 경우가 많으므로 접기 전에 식용유를 바른 후 접어야 나중에 크림 넣을 공간이 벌어진다.
>
> **TIP*****
> • 크림은 주어질 수도 있지만 대부분 인스턴트 커스터드 파우더로 제공될 경우 물 : 파우더 = 2.5~3:1의 비율로 섞어서 사용하면 적당하다.

풀먼식빵(Pullman Bread)

19세기 후반 조지 풀먼이란 사람이 만든 풀먼기차모양의 식빵으로 뚜껑 있는 사각팬에 구운
샌드위치용 빵

요구사항

※ **풀먼식빵을 제조하여 제출하시오.**

❶ 배합표의 각 재료를 계량하여 재료별로 진열하시오(9분).

- 재료계량(각 재료당 1분) → [감독위원 계량확인] → 작품제조 및 정리정돈(전체 시험시간-재료계량시간)
- 재료계량 시간 내에 계량을 완료하지 못하여 시간이 초과된 경우 및 계량을 잘못한 경우는 추가의 시간 부여 없이 작품제조 및 정리정돈 시간을 활용하여 요구사항의 무게대로 계량
- 달걀의 계량은 감독위원이 지정하는 개수로 계량

❷ 반죽은 스트레이트법으로 제조하시오(단, 유지는 클린업 단계에 첨가하시오).

❸ 반죽온도는 27℃를 표준으로 하시오.

❹ 표준분할무게는 250g으로 하고, 제시된 팬의 용량을 감안하여 결정하시오(단, 분할무게×2를 1개의 식빵으로 함).

❺ 반죽은 전량을 사용하여 성형하시오.

배합표 작성

재료명	비율(%)	무게(g)
강력분	100	1,400
물	58	812
이스트	4	56
제빵개량제	1	14
소금	2	28
설탕	6	84
쇼트닝	4	56
달걀	5	70
분유	3	42
계	183	2,562

제조방법

❶ 재료 계량

- 재료를 담는 용기에 계량하여 무게를 측정하고, 재료별로 진열해 놓는다.
- 전 재료를 제한시간(9분) 내에 손실없이 정확히 계량하여 감점요인을 없앤다.

❷ 반죽 제조방법

- 우선 계량된 물의 일부를 사용해서 이스트를 물에 풀어 용해시켜 놓는다.
- 가루재료를 체에 걸러 놓는다. ⇨ 이물질 제거, 재료를 분산, 재료에 공기를 혼입하여 양질의 제품을 생산하기 위함이다.
- 쇼트닝을 제외한 모든 재료를 믹싱볼에 넣고 저속으로 믹싱한다. ⇨ 수화작용
- 중속으로 가속시킨 후 클린업단계까지 믹싱한 후 쇼트닝을 넣고 최종단계까지 믹싱한다.
- 반죽온도 27℃±1℃로 유지할 것

❸ 1차발효

- 발효실 온도 27℃, 상대습도 75%의 조건을 충족하는 발효기에서 약 60분간 발효한다.
- 1차발효의 완성 시점을 구분하는 방법은 최초 반죽부피의 3배 정도 크기, 유연한 섬유질로 인해 반죽 가장자리를 들어봤을 때 거미줄 모양의 그물조직이 나타나거나, 손가락 테스트 등으로 숙성이 최적인 상태까지 발효한다.

❹ 분할

- 분할 : 최초 제시된 대로 250g씩 맞추어 분할한다.
- 분할도중에 발효가 진행되므로 가능한 한 짧은 시간 내에 분할하여 순서대로 둥글리기를 해놓는다. ⇨ 중간발효 후 밀어 펴기 좋도록 기다란 고구마모양으로 만들어 놓는 것이 좋다.

❺ 중간발효

- 반죽의 표면이 건조되는 것을 방지하기 위해서 비닐 또는 적신 광목천 등으로 덮어놓는다(10~20분 정도).
- 중간발효시간이 짧은 경우 밀어 펴기작업 등의 가공이 어렵고, 과하게 진행된 경우 반죽이 지치게 된다.

- 특히 식빵반죽의 경우 중간발효가 부족하면 밀어 펴기 과정에서 수축되어 성형모양이 안 되는 경우가 있으므로 충분한 중간발효과정을 거친다.

❻ 성형
- 덧가루를 살짝 뿌리고 반죽을 밀대로 길게 밀어 펴 가스를 빼준다.
- 길이방향으로 밀어 펴기를 한다. 이때 균일한 상하대칭의 모양으로 밀어 펴야 성형했을 경우 모양이 좋다.
- 둥글게 3겹접기로 말아서 성형한다.

❼ 패닝
- 주어진 식빵틀에 말아서 성형한 반죽을 패닝한다.
- 반죽의 윗면에 손등으로 가볍게 눌러주어 2차발효가 균일하게 되도록 한다.
- 말아준 끝부분이 밑으로 향하게 패닝을 하고 말린 방향이 3덩어리가 일정하게 패닝한다.

❽ 2차발효
- 발효실온도 35℃ 정도, 상대습도 85% 정도의 조건에서 약 30~40분 정도 발효시킨다.
- 2차발효의 경우 1차발효와는 다르게 시간보다는 상태를 점검해 가며 발효시키는 것이 중요하다.
- 2차발효 종료시점은 틀높이에서 1cm 정도 낮은 것이 좋다.

❾ 굽기
- 뚜껑을 덮고 오븐온도 : 190~200℃에서 35~40분간 굽는다.
- 오븐의 위치 등에 따라 온도차이가 있으므로, 일정시간이 경과하면 식빵틀의 위치를 바꾸어 전체적으로 균일한 색이 나도록 한다.
- 보통식빵보다 10분 정도 더 굽도록 한다. ⇨ 뚜껑의 열전달도에 차이가 있다.

TIP*
- 반죽의 부풀림 정도가 너무 작으면 사각형의 모양이 나오지 않고 발효를 많이 하면 틀 틈으로 반죽이 나오거나 모서리가 예각의 형태를 가지기 때문에 모양이 좋지 않다. 따라서 틀높이를 기준으로 1cm 정도 모자란 듯하게 발효해 오븐 안에서 팽창효과로 적당한 모양을 만드는 것이 좋다.

단과자빵 (소보로빵)(Soboro Bread)

제빵기능사

Streusel이란 영문명으로 지칭되는 토핑제품, 흔히 소보루라 칭하는 것은 Streusel의 일본식 표기이다. 토핑의 응용범위가 매우 다양해서 일반 제빵제품 뿐만 아니라 제과품목에도 여러 방면으로 응용되고 있다.

배점
제조공정 55점
제품평가 45점

요구사항

※ 단과자빵(소보로빵)을 제조하여 제출하시오.

❶ 빵반죽 재료를 계량하여 재료별로 진열하시오(9분).

- 재료계량(각 재료당 1분) → [감독위원 계량확인] → 작품제조 및 정리정돈(전체 시험시간-재료계량시간)
- 재료계량 시간 내에 계량을 완료하지 못하여 시간이 초과된 경우 및 계량을 잘못한 경우는 추가의 시간 부여 없이 작품제조 및 정리정돈 시간을 활용하여 요구사항의 무게대로 계량
- 달걀의 계량은 감독위원이 지정하는 개수로 계량

❷ 반죽은 스트레이트법으로 제조하시오(단, 유지는 클린업 단계에 첨가하시오).

❸ 반죽온도는 27℃를 표준으로 하시오.

❹ 반죽 1개의 분할무게는 50g씩, 1개당 소보로 사용량은 약 30g 정도로 제조하시오.

❺ 토핑용 소보로는 배합표에 의거 직접 제조하여 사용하시오.

❻ 반죽은 24개를 성형하여 제조하고, 남은 반죽과 토핑용 소보로는 감독위원의 지시에 따라 별도로 제출하시오.

배합표 작성

반죽

재료명	비율(%)	무게(g)
강력분	100	900
물	47	423(422)
이스트	4	36
제빵개량제	1	9(8)
소금	2	18
마가린	18	162
탈지분유	2	18
달걀	15	135(136)
설탕	16	144
계	205	1,845(1,844)

토핑용 소보로

재료명	비율(%)	무게(g)
중력분	100	300
설탕	60	180
마가린	50	150
땅콩버터	15	45(46)
달걀	10	30
물엿	10	30
탈지분유	3	9(10)
베이킹파우더	2	6
소금	1	3
계	251	753

※ 계량시간에서 제외

❶ 재료 계량
- 재료를 담는 용기에 계량하여 무게를 측정하고, 재료별로 진열해 놓는다.
- 전 재료를 제한시간(9분) 내에 손실없이 정확히 계량하여 감점요인을 없앤다.

❷ 반죽 제조방법
- 우선 계량된 물의 일부를 사용해서 이스트를 물에 풀어 용해시켜 놓는다.
- 반죽, 토핑용 가루재료를 두 가지 다 체에 걸러 놓는다. ⇨ 이물질 제거, 재료를 분산, 재료에 공기를 혼입하여 양질의 제품을 생산하기 위함이다.
- 마가린을 제외한 모든 재료를 믹싱볼에 넣고 저속으로 믹싱한다. ⇨ 수화작용
- 중속으로 가속시킨 후 클린업단계까지 믹싱한 후 마가린을 넣고 최종단계까지 믹싱한다.
- 반죽온도 27℃±1℃로 유지할 것

❸ 1차발효
- 발효실 온도 27℃, 상대습도 75%의 조건을 충족하는 발효기에서 약 80~90분간 발효한다.
- 1차발효의 완성시점을 구분하는 방법은 최초 반죽부피의 3~3.5배 정도 크기, 유연한 섬유질로 인해 반죽 가장자리를 들어봤을 때 거미줄 모양의 그물조직이 나타나거나, 손가락 테스트 등으로 숙성이 최적인 상태까지 발효한다.

❹ 분할
- 분할 : 최초 제시된 대로 50g씩 분할한다.
- 분할 도중에 발효가 진행되므로 가능한 한 짧은 시간 내에 분할하여 순서대로 둥글리기를 해놓는다.

❺ 중간발효
- 반죽의 표면이 건조되는 것을 방지하기 위해서 비닐 또는 적신 광목천 등으로 덮어놓는다(10~20분 정도).
- 중간발효시간이 짧은 경우 토핑 등의 가공이 어렵고, 과하게 진행된 경우 반죽이 지치게 된다.

❻ 성형

- 둥글리기해 놓은 반죽을 토핑용 소보로를 30g씩 계량한 후 펼쳐놓고 다시 한번 가스빼기를 한다.
- 펼쳐놓은 소보로 위에 물 묻힌 반죽을 올려놓고 눌러서 묻힌다.

❼ 패닝

- 일정한 간격을 두고 한 평철판에 8개 정도의 반죽을 패닝한다.
- 반죽의 모양을 고르게 잡아주고 2차발효를 실시한다.

❽ 2차발효

- 발효실온도 35℃ 정도, 상대습도 85% 정도의 조건에서 약 30~40분 정도 발효시킨다.
- 2차발효의 경우 1차발효와는 다르게 시간보다는 상태를 점검해 가며 발효시키는 것이 중요하다.

❾ 굽기

- 오븐온도 : 200~210℃에서 12~15분간 굽는다.
- 오븐의 위치 등에 따라 온도차이가 있으므로, 일정시간이 경과하면 철판의 위치를 바꾸어 전체적으로 균일한 색이 나도록 한다.

❿ 토핑제조

- 마가린, 땅콩버터, 설탕, 소금, 물엿을 섞어 손거품기로 부드러운 크림상태로 만든다.
- 달걀을 조금씩 넣으면서 충분히 유화시킨다.
- 가루재료를 넣고 뭉치지 말고 보슬보슬할 정도로 비벼서 덩어리를 만든다.

> **TIP***
> - 소보로 토핑물은 반죽을 과도하게 뭉치지 말고, 보슬보슬할 정도까지만 가루재료를 섞고 묻히는 것이 중요하다.
>
> **TIP****
> - 소보로 토핑은 1차발효시간에 미리 만들어 30g씩 사전 계량해 놓으면 시간구성이 효율적이다.

쌀식빵(Rice Bread)

밀가루 대신 쌀가루를 재료로 제조한 빵으로 생각하기 쉽지만, 쌀이 지닌 단백질은 제빵적성의 가장 중요한 요소인 글루텐을 형성하지 않는다. 따라서 밀가루 대비 10~30% 범위에서 쌀가루를 첨가하여 제조한다. 쌀가루는 종류별로 실제 습식으로 제분한 쌀가루와 건식으로 제빵용으로 제조한 쌀가루 등이 있다.

배점
제조공정 55점
제품평가 45점

요구사항

※ 쌀식빵을 제조하여 제출하시오.

❶ 배합표의 각 재료를 계량하여 재료별로 진열하시오(9분).

- 재료계량(각 재료당 1분) → [감독위원 계량확인] → 작품제조 및 정리정돈(전체 시험시간-재료계량시간)
- 재료계량 시간 내에 계량을 완료하지 못하여 시간이 초과된 경우 및 계량을 잘못한 경우는 추가의 시간 부여 없이 작품제조 및 정리정돈 시간을 활용하여 요구사항의 무게대로 계량
- 달걀의 계량은 감독위원이 지정하는 개수로 계량

❷ 반죽은 스트레이트법으로 제조하시오(단, 유지는 클린업 단계에 첨가하시오).

❸ 반죽온도는 27℃를 표준으로 하시오.

❹ 분할무게는 198g씩으로 하고, 제시된 팬의 용량을 감안하여 결정하시오.(단, 분할무게 × 3을 1개의 식빵으로 함.)

❺ 반죽은 전량을 사용하여 성형하시오.

배합표 작성

재료명	비율(%)	무게(g)
강력분	70	910
쌀가루	30	390
물	63	819(820)
이스트	3	39(40)
소금	1.8	23.4(24)
설탕	7	91(90)
쇼트닝	5	65(66)
탈지분유	4	52
제빵개량제	2	26
계	185.8	2,415.4 (2,418)

제조방법

❶ 재료 계량

- 재료를 담는 용기에 계량하여 무게를 측정하고, 재료별로 진열해놓는다.
- 전 재료를 제한시간 9분 내에 손실 없이 정확히 계량하여 감점요인을 없앤다.

❷ 반죽 제조방법

- 우선 계량된 이스트를 물에 풀어 용해시켜 놓는다. ⇨ 계량된 물의 일부를 사용할 것
- 가루재료를 체에 걸러 놓는다. ⇨ 이물질 제거, 재료를 분산, 재료에 공기를 혼입하여 양질의 제품을 생산하기 위함이다.
- 쇼트닝을 제외한 모든 재료를 믹싱볼에 넣고 저속으로 믹싱한다. ⇨ 수화작용
- 중속으로 가속시킨 후 클린업 단계까지 믹싱한 다음 마가린을 넣고 발전단계까지 믹싱한다.
- 반죽온도 27℃±1℃로 유지할 것

❸ 1차발효

- 발효실 온도 27℃, 상대습도 75%의 조건을 충족하는 발효기에서 약 80~90분간 발효한다.
- 1차 발효의 완성 시점을 구분하는 방법은 최초 반죽 부피의 2~2.5배 정도 크기, 유연한 섬유질로 인해 반죽 가장자리를 들어봤을 때 거미줄 모양의 그물조직이 나타나거나, 손가락테스트 등으로 숙성이 최적인 상태까지 발효한다. 쌀 식빵의 특성은 밀가루 반죽 대비 발효의 부피가 다소 작다.

❹ 분할

- 분할 : 최초 제시된 대로 198g씩 분할한다.
- 분할도중에 발효가 진행되므로 가능한 한 짧은 시간 내에 분할하여 순서대로 둥글리기를 해놓는다.

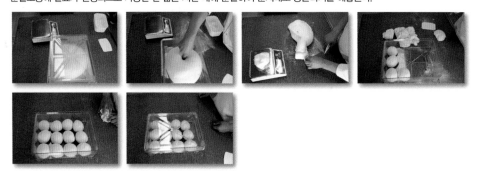

❺ 중간발효

- 반죽의 표면이 건조되는 것을 방지하기 위해서 비닐 또는 적신 광목천 등으로 덮어놓는다(10~20분 정도).
- 중간발효 시간이 짧은 경우 밀어펴기 작업 등의 가공이 어렵고, 과하게 진행된 경우 반죽이 지치게 된다.

❻ 성형

- 덧가루를 살짝 뿌리고 반죽을 밀대로 길게 밀어펴 가스를 빼준다.
- 길이 방향으로 밀어펴기를 한다. 이때 아래쪽과 위쪽은 균일하게 밀어야 성형했을 경우 모양이 좋다.
- 위쪽 혹은 아래쪽부터 말기 시작해서 성형한다.

❼ 패닝

- 일정한 간격을 두고 한 식빵틀에 3개씩 반죽을 패닝한다.
- 반죽의 접합 부분이 아랫면으로 가야 벌어지지 않는다.
- 전체적으로 윗면을 눌러 높이를 균일하게 맞춰준다.

❽ 2차발효

- 발효실 온도 35℃ 정도, 상대습도 85% 정도의 조건에서 약 30~40분 정도 발효시킨다.
- 2차 발효의 경우 1차 발효와는 다르게 시간보다는 상태를 점검해가며 발효시키는 것이 중요하다.
- 틀 높이 정도 혹은 약간 높은 정도로 발효를 진행한다.

❾ 굽기

- 오븐온도 : 180℃에서 40분간 굽는다.
- 오븐의 위치 등에 따라 온도 차이가 있으므로, 일정 시간이 경과 하면 식빵 팬의 위치를 돌려주어 전체적으로 균일한 색이 나도록 한다.

> **TIP***
> • 쌀가루의 특성상 수분함유율이 밀가루 대비 다소 부족하므로 호밀이나 곡류 등과 같이 최종단계까지 믹싱하기보다는 모자란 듯하게 믹싱을 하는 편이 제빵 안정성이 확보된다.

시험시간
3시간 30분

호밀빵(Rye Bread)

제빵기능사

일명 흑빵이라고도 하고 정통 독일식 호밀빵의 경우 밀가루대비 90%까지도 혼합해서 반죽을 하기도 한다. 실제 독일정통 호밀빵의 제조는 사워종을 제조하여 반죽하는 데 있지만 맛, 영양가, 외관 등의 장점을 특징으로 미국에서는 응용한 아메리칸타입으로 제조하고 있다.

요구사항

※ 호밀빵을 제조하여 제출하시오.

❶ 배합표의 각 재료를 계량하여 재료별로 진열하시오(10분).

- 재료계량(각 재료당 1분) → [감독위원 계량확인] → 작품제조 및 정리정돈(전체 시험시간−재료계량시간)
- 재료계량 시간 내에 계량을 완료하지 못하여 시간이 초과된 경우 및 계량을 잘못한 경우는 추가의 시간 부여 없이 작품제조 및 정리정돈 시간을 활용하여 요구사항의 무게대로 계량
- 달걀의 계량은 감독위원이 지정하는 개수로 계량

❷ 반죽은 스트레이트법으로 제조하시오.

❸ 반죽온도는 25℃를 표준으로 하시오.

❹ 표준분할무게는 330g으로 하시오.

❺ 제품의 형태는 타원형(럭비공 모양)으로 제조하고, 칼집모양을 가운데 일자로 내시오.

❻ 반죽은 전량을 사용하여 성형하시오.

배합표 작성

재료명	비율(%)	무게(g)
강력분	70	770
호밀가루	30	330
이스트	3	33
제빵개량제	1	11(12)
물	60~65	660~715
소금	2	22
황설탕	3	33(34)
쇼트닝	5	55(56)
탈지분유	2	22
몰트액	2	22
계	178~183	1,958~2,016

제조방법

❶ 재료 계량

- 재료를 담는 용기에 계량하여 무게를 측정하고, 재료별로 진열해 놓는다.
- 전 재료를 제한시간(10분) 내에 손실없이 정확히 계량하여 감점요인을 없앤다.

❷ 반죽 제조방법

- 우선 계량된 물의 일부를 사용해서 이스트를 물에 풀어 용해시켜 놓는다.
- 가루재료를 체에 걸러 놓는다. ⇨ 이물질 제거, 재료를 분산, 재료에 공기를 혼입하여 양질의 제품을 생산하기 위함이다.
- 모든 재료를 믹싱볼에 넣고 저속으로 믹싱한다. ⇨ 수화작용
- 중속으로 가속시킨 후 보통 빵반죽의 80%까지 믹싱한다.

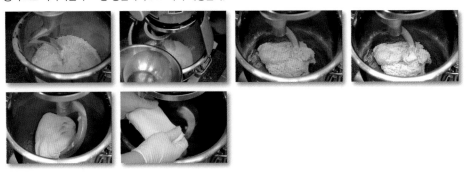

❸ 1차발효

- 발효실 온도 27℃, 상대습도 75%의 조건을 충족하는 발효기에서 약 70~80분간 발효한다.
- 1차발효의 완성시점을 구분하는 방법은 최초 반죽부피의 2~3배 정도 크기, 유연한 섬유질로 인해 반죽 가장자리를 들어봤을 때 거미줄모양의 그물조직이 나타나거나, 손가락 테스트 등으로 숙성이 최적인 상태까지 발효한다.

❹ 분할

- 분할 : 최초 제시된 대로 분할량을 결정하여(약 330g) 분할한다.
- 분할도중에 발효가 진행되므로 가능한 한 짧은 시간 내에 분할하여 순서대로 둥글리기를 해놓는다.

❺ 중간발효

- 반죽의 표면이 건조되는 것을 방지하기 위해서 비닐 또는 적신 광목천 등으로 덮어놓는다(10~20분 정도).
- 중간발효 시간이 짧은 경우 밀어 펴기 작업 등의 가공이 어렵고, 과하게 진행된 경우 반죽이 지치게 된다.

❻ 성형

- 덧가루를 살짝 뿌리고 반죽을 밀대로 밀어 펴 가스를 빼준다.

- 타원형으로 밀어 펴기를 한다. 이때 밀대를 중간에서 아래위로 고루 밀어서 가스를 충분히 빼준다.

- 밀어 편 반죽을 3겹접기를 해서 단단히 말아준다.

❼ 패닝

- 성형한 반죽의 이음매가 바닥으로 향하게 하여 한 팬에 일정하게 간격을 맞추어 패닝한다.

❽ 2차발효

- 발효실온도 35℃ 정도, 상대습도 85% 정도의 조건에서 약 50~60분 정도 발효시킨다.

- 2차발효의 경우 1차발효와는 다르게 시간보다는 상태를 점검해 가며 발효시키는 것이 중요하다.

- 반죽의 부피가 2~3배 정도 더 올라오는 시점까지 발효시킨 후 쿠프를 중간에 낸다.

❾ 굽기

- 오븐온도 : 180~200℃에서 35~40분간 스팀효과를 주기 위해 물스프레이 후 굽는다.

- 오븐의 위치 등에 따라 온도차가 있고, 보통 식빵보다 색깔이 충분히 나도록 하고 그렇지 않을 경우 틀에서 빼내었을 때 주저앉을 수 있으니 주의하도록 한다.

TIP*

• 호밀식빵을 만들 때에는 반죽시간에 신경을 써야 한다. 호밀가루의 사용량이 많을수록에 반죽시간을 짧게 한다.

• 반죽온도 27℃±1℃로 유지할 것

TIP**

• 호밀가루를 사용해서 만든 빵은 일반 빵과 비교하면 반죽시간은 짧고, 발효시간을 길게 잡는 것이 특징이다. 반죽온도 또한 일반빵보다 낮추어 25℃에 맞춘다. 크기로 보면 분할량을 일반빵보다 약 20% 정도 크게 잡는다.

TIP***

• 몰트는 맥아, 보리, 조, 콩 등의 곡류를 세척 후 발아조건을 맞춘 다음 발아된 이후 곡류 내부의 전분이 당화하여 발효에 도움을 준다. 이를 건조시킨 것을 맥아가루라 하고 액상시럽으로 만든 것을 몰트액이라고 한다.

버터톱식빵 (Butter Top Bread)

제빵기능사

반죽의 팽창효과를 이용해서 칼집을 낸 홈에 버터의 유연성으로 모양을 낸 제품이다.

요구사항

※ 버터톱식빵을 제조하여 제출하시오.

❶ 배합표의 각 재료를 계량하여 재료별로 진열하시오(9분).

- 재료계량(각 재료당 1분) → [감독위원 계량확인] → 작품제조 및 정리정돈(전체 시험시간-재료계량시간)
- 재료계량 시간 내에 계량을 완료하지 못하여 시간이 초과된 경우 및 계량을 잘못한 경우는 추가의 시간 부여 없이 작품제조 및 정리정돈 시간을 활용하여 요구사항의 무게대로 계량
- 달걀의 계량은 감독위원이 지정하는 개수로 계량

❷ 반죽은 스트레이트법으로 만드시오(단, 유지는 클린업 단계에서 첨가하시오).

❸ 반죽온도는 27℃를 표준으로 하시오.

❹ 분할무게 460g 짜리 5개를 만드시오(한 덩이 : One Loaf).

❺ 윗면을 길이로 자르고 버터를 짜 넣는 형태로 만드시오.

❻ 반죽은 전량을 사용하여 성형하시오.

배합표 작성

반죽

재료명	비율(%)	무게(g)
강력분	100	1,200
물	40	480
이스트	4	48
제빵개량제	1	12
소금	1.8	21.6(22)
설탕	6	72
버터	20	240
탈지분유	3	36
달걀	20	240
계	195.8	2,349.6(2,350)

토핑

재료명	비율(%)	무게(g)
버터(바르기용)	5	60

※ 계량시간에서 제외

제조방법

❶ 재료 계량

- 재료를 담는 용기에 계량하여 무게를 측정하고, 재료별로 진열해 놓는다.
- 전 재료를 제한시간(9분) 내에 손실없이 정확히 계량하여 감점요인을 없앤다.

❷ 반죽 제조방법

- 우선 계량된 물의 일부를 사용해서 이스트를 물에 풀어 용해시켜 놓는다.
- 가루재료를 체에 걸러 놓는다. ⇨ 이물질 제거, 재료를 분산, 재료에 공기를 혼입하여 양질의 제품을 생산하기 위함이다.
- 마가린을 제외한 모든 재료를 믹싱볼에 넣고 저속으로 믹싱한다. ⇨ 수화작용
- 중속으로 가속시킨 후 클린업 단계까지 믹싱한 후 버터를 넣고 최종단계까지 믹싱한다.
- 반죽온도 27℃±1℃로 유지할 것

❸ 1차발효

- 발효실 온도 27℃, 상대습도 75%의 조건을 충족하는 발효기에서 약 80~90분간 발효한다.
- 1차발효의 완성 시점을 구분하는 방법은 최초 반죽부피의 3~3.5배 정도 크기, 유연한 섬유질로 인해 반죽 가장자리를 들어봤을 때 거미줄 모양의 그물조직이 나타나거나, 손가락 테스트 등으로 숙성이 최적인 상태까지 발효한다.

❹ 분할

- 분할 : 최초 제시된 대로 460g씩 분할한다.
- 분할도중에 발효가 진행되므로 가능한 한 짧은 시간에 분할하여 순서대로 둥글리기를 해놓는다. ⇨ 중간발효 시밀어 펴기 쉽도록 둥글리기 후 고구마모양으로 만들어 놓는 것이 좋다.

❺ 중간발효

- 반죽의 표면이 건조되는 것을 방지하기 위해서 비닐 또는 적신 광목천 등으로 덮어놓는다(10~20분 정도).
- 중간발효 시간이 짧은 경우 밀어 펴기 작업 등의 가공이 어렵고, 과하게 진행된 경우 반죽이 지치게 된다.

❻ 성형

- 덧가루를 살짝 뿌리고 반죽을 밀대로 길게 밀어 펴서 가스를 빼준다.
- 길이방향으로 밀어 펴기를 한다. 이때 균일한 모양으로 밀어 펴야 성형했을 경우 모양이 좋다.
- 둥글게 원로프형태로 말아서 성형한다.

❼ 패닝

- 주어진 식빵틀에 말아서 성형한 반죽을 패닝한다.
- 반죽의 윗면에 손등으로 가볍게 눌러주어 2차발효가 균일하게 되도록 한다.
- 말아준 끝부분이 밑으로 향하게 패닝을 한다.

❽ 2차발효

- 발효실온도 35℃ 정도, 상대습도 85% 정도의 조건에서 약 30~40분 정도 발효시킨다.
- 2차발효의 경우 1차발효와는 다르게 시간보다는 상태를 점검해 가며 발효시키는 것이 중요하다.
- 2차발효 후 굽기 전 윗면에 칼집을 0.5cm 정도의 깊이로 내고, 버터를 짜준다.

❾ 굽기

- 오븐온도 : 170~180℃에서 35~40분간 굽는다.
- 오븐의 위치 등에 따라 온도 차이가 있으므로, 일정 시간이 경과하면 식빵틀의 위치를 바꾸어 전체적으로 균일한 색이 나도록 한다.

TIP*
- 버터가 단단할 경우 부드럽게 해준 후에 짜야 골고루 짤 수 있고 갈라짐이 일정하다. 보통식빵보다 버터의 양이 많으므로 반죽의 치대는 정도가 과하지 않도록 한다.

TIP**
- 버터를 짤 때에는 칼집을 신속하게 미리 내는데 칼날을 식용유 등에 담갔다가 자르면 부드럽게 잘린다.

옥수수식빵 (Corn Bread)

제빵기능사

옥수수가루를 첨가하기 때문에 수분의 조절이 필요하고 기본배합보다는 밀가루단백질의
함량이 줄어듦으로 활성글루텐 등을 첨가하면 양질의 제품을 얻을 수 있다.

요구사항

※ 옥수수식빵을 제조하여 제출하시오.

❶ 배합표의 각 재료를 계량하여 재료별로 진열하시오(10분).

- 재료계량(각 재료당 1분) → [감독위원 계량확인] → 작품제조 및 정리정돈(전체 시험시간-재료계량시간)
- 재료계량 시간 내에 계량을 완료하지 못하여 시간이 초과된 경우 및 계량을 잘못한 경우는 추가의 시간 부여 없이 작품제조 및 정리정돈 시간을 활용하여 요구사항의 무게대로 계량
- 달걀의 계량은 감독위원이 지정하는 개수로 계량

❷ 반죽은 스트레이트법으로 제조하시오(단, 유지는 클린업 단계에서 첨가하시오).

❸ 반죽온도는 27℃를 표준으로 하시오.

❹ 표준분할무게는 180g으로 하고, 제시된 팬의 용량을 감안하여 결정하시오(단, 분할무게×3을 1개의 식빵으로 함).

❺ 반죽은 전량을 사용하여 성형하시오.

배합표 작성

재료명	비율(%)	무게(g)
강력분	80	960
옥수수분말	20	240
물	60	720
이스트	3	36
제빵개량제	1	12
소금	2	24
설탕	8	96
쇼트닝	7	84
탈지분유	3	36
달걀	5	60
계	189	2,268

❶ 재료 계량

- 재료를 담는 용기에 계량하여 무게를 측정하고, 재료별로 진열해 놓는다.
- 전 재료를 제한시간(10분) 내에 손실없이 정확히 계량하여 감점요인을 없앤다.

❷ 반죽 제조방법

- 우선 계량된 물의 일부를 사용해서 이스트를 물에 풀어 용해시켜 놓는다.
- 가루재료를 체에 걸러 놓는다. ⇨ 이물질 제거, 재료를 분산, 재료에 공기를 혼입하여 양질의 제품을 생산하기 위함이다.
- 쇼트닝을 제외한 모든 재료를 믹싱볼에 넣고 저속으로 믹싱한다. ⇨ 수화작용
- 중속으로 가속시킨 후 클린업단계까지 믹싱한 후 쇼트닝을 넣고 보통식빵 반죽의 90%까지 믹싱한다.
- 반죽온도 27℃±1℃로 유지할 것

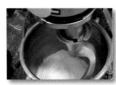 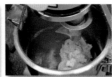 

❸ 1차발효

- 발효실 온도 27℃, 상대습도 75%의 조건을 충족하는 발효기에서 약 70~80분간 발효한다.
- 1차발효의 완성 시점을 구분하는 방법은 최초 반죽부피의 2~3배 정도 크기, 유연한 섬유질로 인해 반죽 가장자리를 들어봤을 때 거미줄 모양의 그물조직이 나타나거나, 손가락 테스트 등으로 숙성이 최적인 상태까지 발효한다.

❹ 분할

- 분할 : 최초 제시된 대로 주어진 식빵틀에 맞추어 분할량을 결정하여 3덩어리를 분할한다.
- 분할도중에 발효가 진행되므로 가능한 한 짧은 시간 내에 분할하여 순서대로 둥글리기를 해놓는다.

❺ 중간발효

- 반죽의 표면이 건조되는 것을 방지하기 위해서 비닐 또는 적신 광목천 등으로 덮어놓는다(10~20분 정도).
- 중간발효 시간이 짧은 경우 밀어 펴기 작업 등의 가공이 어렵고, 과하게 진행된 경우 반죽이 지치게 된다.

❻ 성형

- 덧가루를 살짝 뿌리고 반죽을 밀대로 밀어 펴서 가스를 빼준다.
- 타원형으로 밀어 펴기를 한다. 이때 밀대를 중간에서 아래위로 고루 밀어서 가스를 충분히 빼준다.
- 밀어 편 반죽을 3겹접기를 해서 단단히 말아준다.

❼ 패닝

- 성형한 반죽의 이음매를 바닥으로 향하게 하여 한 팬에 3덩이씩 일정하게 간격을 맞추어 패닝한다.
- 손등으로 반죽의 윗면을 가볍게 눌러준다(제품의 밑면이 평평하게 잘 나오도록 하기 위함).

❽ 2차발효

- 발효실온도 35℃ 정도, 상대습도 85% 정도의 조건에서 약 30~40분 정도 발효시킨다.
- 2차발효의 경우 1차발효와는 다르게 시간보다는 상태를 점검해 가며 발효시키는 것이 중요하다.
- 반죽의 부피가 식빵팬 높이의 약 1cm 더 올라오는 시점까지 발효시킨다.

❾ 굽기

- 오븐온도 : 180~200℃에서 35~40분간 굽는다.
- 오븐의 위치 등에 따라 온도 차가 있고, 보통식빵보다 색깔이 충분히 나도록 하고 그렇지 않을 경우 틀에서 빼내었을 때 주저앉을 수 있으니 주의하도록 한다.

TIP*
- 옥수수식빵을 만들 때에는 물의 조절에 신경을 써야 한다. 옥수수가루는 배합표상의 물을 다 넣으면 조금 진 듯한 반죽이 만들어진다. 또한 기본배합에 비해 곡물가루를 첨가하면 글루텐의 부족으로 인해 반죽 자체에 탄성이 부족하게 되므로 활성글루텐을 첨가하거나 반죽기계의 강도를 강하게 해서 반죽의 힘을 보충한다.

TIP**
- 옥수수식빵은 오븐스프링이 적으므로 일반식빵보다 2차발효에 주의를 기울여야 한다. 가스 보유력이 최대인 시점까지 즉, 팬보다 1cm 정도 더 높게 발효시켜서 오븐에서 굽도록 한다.

모카빵(Mocha Bread)

제빵기능사

커피파우더를 이용해서 만든 크러스트를 덮은 빵으로 커피빵이라고도 한다. 커피향과 크러스트의 바삭함이 어우러진 빵과의 부드러운 맛이 조화롭게 완성된 제품이다.

요구사항

※ 모카빵을 제조하여 제출하시오.

❶ 배합표의 빵반죽 재료를 계량하여 재료별로 진열하시오(11분).

- 재료계량(각 재료당 1분) → [감독위원 계량확인] → 작품제조 및 정리정돈(전체 시험시간-재료계량시간)
- 재료계량 시간 내에 계량을 완료하지 못하여 시간이 초과된 경우 및 계량을 잘못한 경우는 추가의 시간 부여 없이 작품제조 및 정리정돈 시간을 활용하여 요구사항의 무게대로 계량
- 달걀의 계량은 감독위원이 지정하는 개수로 계량

❷ 반죽은 "스트레이트법"으로 제조하시오(단, 유지는 클린업 단계에서 첨가하시오).

❸ 반죽온도는 27℃를 표준으로 하시오.

❹ 반죽 1개의 분할무게는 250g, 1개당 비스킷은 100g씩으로 제조하시오.

❺ 제품의 형태는 타원형(럭비공 모양)으로 제조하시오.

❻ 토핑용 비스킷은 주어진 배합표에 의거 직접 제조하시오.

❼ 완제품 6개를 제출하고 남은 반죽은 감독위원 지시에 따라 별도로 제출하시오.

배합표 작성

반죽

재료명	비율(%)	무게(g)
강력분	100	850
물	45	382.5(382)
이스트	5	42.5(42)
제빵개량제	1	8.5(8)
소금	2	17(16)
설탕	15	127.5(128)
버터	12	102
탈지분유	3	25.5(26)
달걀	10	85(86)
커피	1.5	12.75(12)
건포도	15	127.5(128)
계	209.5	1,780.75(1,780)

토핑용 비스킷

재료명	비율(%)	무게(g)
박력분	100	350
버터	20	70
설탕	40	140
달걀	24	84
베이킹파우더	1.5	5.25(5)
우유	12	42
소금	0.6	2.1(2)
계	198.1	693.35(693)

※ 계량시간에서 제외

❶ 재료 계량

- 재료를 담는 용기에 계량하여 무게를 측정하고, 재료별로 진열해 놓는다.
- 전 재료를 제한시간(11분) 내에 손실없이 정확히 계량하여 감점요인을 없앤다.

❷ 반죽 제조방법

- 우선 계량된 물의 일부를 사용해서 이스트를 물에 풀어 용해시켜 놓는다.
- 건포도는 그냥 사용할 경우 반죽의 수분을 빨아들이므로 배합표 외의 27℃ 정도의 물에 잠시 담가놓은 후 건져내서 사용한다.
- 가루재료를 체에 걸러 놓는다. ⇨ 이물질 제거, 재료를 분산, 재료에 공기를 혼입하여 양질의 제품을 생산하기 위함이다.
- 마가린을 제외한 모든 재료를 믹싱볼에 넣고 저속으로 믹싱한다. ⇨ 수화작용
- 중속으로 가속시킨 후 클린업 단계까지 믹싱한 후 버터를 넣고 최종단계까지 믹싱한다.
- 최종단계까지 믹싱한 후 전처리한 건포도를 넣는다.
- 반죽온도 27℃±1℃로 유지할 것

❸ 1차발효

- 발효실 온도 27℃, 상대습도 75%의 조건을 충족하는 발효기에서 약 50분간 발효한다.
- 1차발효의 완성시점을 구분하는 방법은 최초반죽 부피의 2~2.5배 정도 크기까지 발효한다.

❹ 분할

- 분할 : 최초 제시된 대로 250g씩 분할한다.
- 분할도중에 발효가 진행되므로 가능한 한 짧은 시간 내에 분할하여 순서대로 둥글리기를 해놓는다.

❺ 중간발효

- 반죽의 표면이 건조되는 것을 방지하기 위해서 비닐 또는 적신 광목천 등으로 덮어놓는다(10~20분 정도).
- 중간발효 시간이 짧은 경우 밀어 펴기 작업 등의 가공이 어렵고, 과하게 진행된 경우 반죽이 지치게 된다.

❻ 성형

- 덧가루를 살짝 뿌리고 반죽을 밀대로 밀어 펴서 가스를 빼준다.
- 밀대로 밀어 펼 경우 반죽안의 건포도가 으깨지지 않도록 약한 힘으로 반죽을 밀어 펴되 큰 가스는 빼주고 작업한다.
- 길이방향으로 약 20cm 정도 밀어 펴기를 한다. 이때 두께가 일정하게 유지되도록 균일한 힘으로 길게 밀어 펴야 성형했을 경우 모양이 좋다.
- 타원형으로 길게 밀어 편 후 둥글게 말아 타원형으로 성형한다.
- 만들어놓은 비스킷을 두께 0.4~0.5cm 정도로 밀어 펴서 타원형의 반죽 위를 씌우고 이음매를 잘 여며준다.

Mocha Bread

❼ 2차발효

- 발효실온도 35℃ 정도, 상대습도 85% 정도의 조건에서 약 30~40분 정도 발효시킨다.
- 2차발효의 경우 1차발효와는 다르게 시간보다는 상태를 점검해 가며 발효시키는 것이 중요하다.
- 2차발효는 반죽이 약간 출렁이는 정도가 적당하다.

❽ 굽기

- 오븐온도 : 180~190℃에서 30~40분간 굽는다.
- 오븐의 위치 등에 따라 온도차이가 있으므로, 일정시간이 경과하면 위치를 바꾸어 전체적으로 균일한 색이 나도록 한다.

❾ 토핑용 반죽 만들기

① 마가린을 설탕과 섞은 후 달걀을 조금씩 나누어 넣으면서 크림화시킨다.
② 약간 데운 우유에 커피를 녹여놓고 섞어준다.
③ 박력분과 베이킹파우더를 체친 후 섞고 한 덩어리가 될 때까지 뭉친다.
④ 뭉쳐진 반죽은 비닐에 싸서 냉장고에서 휴지시간을 두고 밀어 펴면 고르게 펴진다.

TIP*
• 2차발효 시 과도하게 발효시키지 말고 약간 모자란 듯이 발효해야 모양이 예쁘게 나온다.

TIP**
• 성형할 경우 빵반죽의 표면에 건포도가 돌출되면 비스킷으로 씌워도 모양이 흐트러지거나 혹은 크랙이 생길 수 있으니 가능한 반죽 안으로 밀어넣고 성형한다.

TIP***
• 토핑용 비스킷을 만들 때 지나치게 크림화하지 말아야 비스킷이 과도하게 갈라지거나 흘러내리지 않는다.

버터롤(Butter Roll)

실제 단과자빵을 응용한 테이블롤의 한 제품으로 간단한 성형부터 복잡한 성형까지 여러 종류의 성형방법이 있으나 최근에는 필링과 토핑을 연구해 다양한 롤빵, 조리빵 등의 연구가 진행되고 있고 실제 제품이 시판되고 있다. 이를 응용하여 베이커리 스토어에 하나의 방향성을 제시할 수 있다.

요구사항

※ 버터롤을 제조하여 제출하시오.

❶ 배합표의 각 재료를 계량하여 재료별로 진열하시오(9분).

- 재료계량(각 재료당 1분) → [감독위원 계량확인] → 작품제조 및 정리정돈(전체 시험시간-재료계량시간)
- 재료계량 시간 내에 계량을 완료하지 못하여 시간이 초과된 경우 및 계량을 잘못한 경우는 추가의 시간 부여 없이 작품제조 및 정리정돈 시간을 활용하여 요구사항의 무게대로 계량
- 달걀의 계량은 감독위원이 지정하는 개수로 계량

❷ 반죽은 "스트레이트법"으로 제조하시오(단, 유지는 클린업 단계에 첨가하시오).

❸ 반죽온도는 27℃를 표준으로 하시오.

❹ 반죽 1개의 분할무게는 50g으로 제조하시오.

❺ 제품의 형태는 번데기 모양으로 제조하시오.

❻ 24개를 성형하고, 남은 반죽은 감독위원의 지시에 따라 별도로 제출하시오.

배합표 작성

재료명	비율(%)	무게(g)
강력분	100	900
설탕	10	90
소금	2	18
버터	15	135(134)
탈지분유	3	27(26)
달걀	8	72
이스트	4	36
제빵개량제	1	9(8)
물	53	477(476)
계	196	1,764

제조방법

❶ 재료 계량

- 재료를 담는 용기에 계량하여 무게를 측정하고, 재료별로 진열해 놓는다.
- 전 재료를 제한시간(9분) 내에 손실없이 정확히 계량하여 감점요인을 없앤다.

❷ 반죽 제조방법

- 우선 계량된 물의 일부를 사용해서 이스트를 물에 풀어 용해시켜 놓는다.
- 가루재료를 체에 걸러 놓는다. ⇨ 이물질 제거, 재료를 분산, 재료에 공기를 혼입하여 양질의 제품을 생산하기 위함이다.
- 마가린을 제외한 모든 재료를 믹싱볼에 넣고 저속으로 믹싱한다. ⇨ 수화작용
- 중속으로 가속시킨 후 클린업 단계까지 믹싱한 후 버터를 넣고 최종단계까지 믹싱한다.
- 반죽온도 27℃±1℃로 유지할 것

❸ 1차발효

- 발효실 온도 27℃, 상대습도 75%의 조건을 충족하는 발효기에서 약 80~90분간 발효한다.
- 1차발효의 완성시점을 구분하는 방법은 최초 반죽부피의 3~3.5배 정도 크기, 유연한 섬유질로 인해 반죽 가장자리를 들어봤을 때 거미줄 모양의 그물조직이 나타나거나, 손가락 테스트 등으로 숙성이 최적인 상태까지 발효한다.

❹ 분할

- 분할 : 최초 제시된 대로 40g씩 분할한다.
- 분할도중에 발효가 진행되므로 가능한 한 짧은 시간 내에 분할하여 순서대로 둥글리기를 해놓는다.
- 발효 후 밀어 펴는 모양은 역삼각형의 형태가 되어야 하므로, 끝이 좁아지는 모양으로 미리 만들어 놓는 것이 좋다.

❺ 중간발효

- 반죽의 표면이 건조되는 것을 방지하기 위해서 비닐 또는 적신 광목천 등으로 덮어놓는다(10~20분 정도).
- 중간발효 시간이 짧은 경우 밀어 펴기 작업 등의 가공이 어렵고, 과하게 진행된 경우 반죽이 지치게 된다.

❻ 성형
- 덧가루를 살짝 뿌리고 반죽을 밀대로 길게 밀어 펴서 가스를 빼준다.
- 길이방향으로 밀어 펴기를 한다. 이때 아래쪽은 넓고 윗쪽은 좁게 밀어야 성형했을 경우 모양이 좋다.
- 넓은 쪽부터 말기 시작해서 성형한다.

❼ 패닝
- 일정한 간격을 두고 한 평철판에 8개 정도의 반죽을 패닝한다.
- 반죽의 윗면에 달걀물칠을 하여 덧가루를 털어내고 광택을 내어준다.
- 달걀물칠을 과도하게 하면 구웠을 때 반죽 가장자리나 바닥면에 흘러 모양이 좋지 않으므로 윗면에 고르게 바른다.
- 말아서 성형한 끝부분이 밑으로 가게끔 패닝한다.

❽ 2차발효
- 발효실온도 35℃ 정도, 상대습도 85% 정도의 조건에서 약 30~40분 정도 발효시킨다.
- 2차발효의 경우 1차발효와는 다르게 시간보다는 상태를 점검해 가며 발효시키는 것이 중요하다.

❾ 굽기
- 오븐온도 : 200~210℃에서 12~15분간 굽는다.
- 오븐의 위치 등에 따라 온도차이가 있으므로, 일정시간이 경과하면 철판의 위치를 바꾸어 전체적으로 균일한 색이 나도록 한다.

TIP*
- 길이방향의 밀어 펴기가 바로 성형과정이므로 일정한 두께가 나오도록 주의해야 하며, 밀어 펴기 시 성형 모양이 전체적인 균형이 맞도록 주의하는 것이 중요하다. 특히 중간발효 과정이 부족할 경우 이런 현상이 많이 나타나는데 서두르지 않고 조금 더 진행시킨 후 성형하는 것이 좋다.

통밀빵(Whole Wheat Bread)

제빵기능사

통밀빵은 Brown Bread라고 칭하기도 하는 갈색빵의 종류 중 하나로 밀가루 대신 일정량의 통밀가루를 사용해 제조하는 빵의 형태이며 Graham Flour Bread라고도 한다. 대개 일반 제빵용 밀가루에 비해 팽창성이 부족하나 독특한 풍미가 있어 식사대용으로 이용되는 건강 빵의 한 종류이다.

요구사항

※ 통밀빵을 제조하여 제출하시오.

❶ 배합표의 각 재료를 계량하여 재료별로 진열하시오(10분).

• 재료계량(각 재료당 1분) → [감독위원 계량확인] → 작품제조 및 정리정돈(전체 시험시간-재료계량시간)

• 재료계량 시간 내에 계량을 완료하지 못하여 시간이 초과된 경우 및 계량을 잘못한 경우는 추가의 시간 부여 없이 작품제조 및 정리정돈 시간을 활용하여 요구사항의 무게대로 계량

• 달걀의 계량은 감독위원이 지정하는 개수로 계량

❷ 반죽은 스트레이트법(Straight Method)으로 제조하시오.

❸ 반죽온도는 25℃로 설정하시오.

❹ 표준분할무게는 200g으로 하시오.

❺ 제품의 형태는 밀대(봉)형(22~23cm)으로 제조하고, 표면에 물을 발라 오트밀을 보기 좋게 적당히 묻히시오.

❻ 8개를 성형하여 제출하고 남은 반죽은 감독위원의 지시에 따라 별도로 제출하시오.

배합표 작성

반죽

재료명	비율(%)	무게(g)
강력분	80	800
통밀가루	20	200
이스트	2.5	25(24)
제빵개량제	1	10
물	63~65	630~650
소금	1.5	15(14)
설탕	3	30
버터	7	70
분유	2	20
몰트액	1.5	15(14)
계	181.5~183.5	1,812~1,835

토핑

재료명	비율(%)	무게(g)
(토핑용)오트밀	-	200g

※ 계량시간에서 제외

❶ 재료 계량
- 재료를 담는 용기에 계량하여 무게를 측정하고, 재료별로 진열해 놓는다.
- 전 재료를 제한시간(10분) 내에 손실없이 정확히 계량하여 감점요인을 없앤다.

❷ 반죽 제조방법
- 우선 계량된 물의 일부를 사용해서 이스트를 물에 풀어 용해시켜 놓는다.
- 가루재료를 체에 걸러 놓는다. ⇨ 이물질 제거, 재료를 분산, 재료에 공기를 혼입하여 양질의 제품을 생산하기 위함이다.
- 모든 재료를 믹싱볼에 넣고 저속으로 믹싱한다. ⇨ 수화작용
- 중속으로 가속시킨 후 클린업 단계까지 믹싱한 후 스크레이핑한 후 80% 정도까지만 믹싱한다.

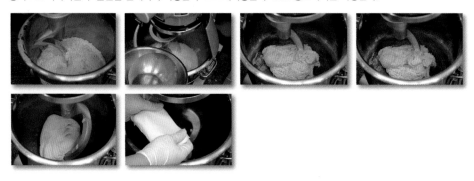

❸ 1차발효
- 반죽을 꺼내어 기본 둥글리기를 한 후 1차발효를 실시한다.
- 발효실 온도 27℃, 상대습도 75%의 조건을 충족하는 발효기에서 약 80~90분간 발효한다.
- 1차발효의 완성시점을 구분하는 방법은 최초 반죽부피의 3~3.5배 정도 크기, 유연한 섬유질로 인해 반죽 가장자리를 들어봤을 때 거미줄 모양의 그물조직이 나타나거나, 손가락 테스트 등으로 숙성이 최적인 상태까지 발효한다.

❹ 분할
- 분할 : 최초 제시된 대로 200g씩 8개 정도 분할한다.
- 분할 도중에 발효가 진행되므로 가능한 한 짧은 시간 내에 분할하여 순서대로 둥글리기를 하고 길게 모양을 해놓는다.

❺ 중간발효
- 반죽의 표면이 건조되는 것을 방지하기 위해서 비닐 또는 적신 광목천 등으로 덮어놓는다(10~20분 정도).
- 중간발효 시간이 짧은 경우 밀어 펴기 작업 등의 가공이 어렵고, 과하게 진행된 경우 반죽이 지치게 된다.

- 특히 통밀가루를 사용한 반죽의 경우 발효가 과다하게 되면 다음 발효가 부족한 경우가 있으니 반죽의 상태를 꼼꼼히 점검한다.

❻ 성형
- 덧가루를 살짝 뿌리고 반죽을 밀대로 밀어 펴 가스를 빼준다.
- 길이 22∼23센티 정도의 봉형으로 밀어 펴기를 한다.
- 이때 끝부분을 잘 여미고 봉형으로 성형한 후 물을 묻혀서 오트밀을 넉넉히 묻히고 패닝한다.

❼ 패닝
- 일정한 간격을 두고 한 평철판에 4개 정도씩 간격을 충분히 두고 반죽을 패닝한다.

❽ 2차발효
- 발효실온도 35℃ 정도, 상대습도 85% 정도의 조건에서 약 30∼40분 정도 발효시킨다.
- 2차발효의 경우 1차발효와는 다르게 시간보다는 상태를 점검해 가며 발효시키는 것이 중요하다.
- 발효가 완료된 반죽은 발효기에서 꺼내 5분 정도 상온에 놔둔 후 굽는다.

❾ 굽기
- 오븐온도 : 200∼210℃에서 25∼30분간 갈색이 진하게 나도록 굽는다.
- 오븐의 위치 등에 따라 온도 차이가 있으므로, 일정 시간이 경과하면 철판의 위치를 바꾸어 전체적으로 균일한 색이 나도록 한다.
- 오트밀의 경우 오븐에서 갈색은 나기 쉽지 않으나 반죽의 색을 보고 판단한다.

TIP*
- 통밀빵의 경우 일반 밀가루와 달리 씨눈을 함유한 밀가루로 제조하기 때문에 일반밀가루에 비해 영양소는 다량 함유하고 있으나 글루텐 형성이 부족해 믹싱은 오래 치대지 않는 정도만 하는 것이 요령이다.
- 반죽온도 25℃±1℃로 유지할 것

TIP**
- 재료의 특성상 반죽이 과발효로 지치거나 오버런 반죽이 될 경우 반죽의 팽창이 부족해지므로 반죽 시간과 발효 시간에 주의한다. 2차발효 후 상온에서 일정시간 방치하는 이유는 표면의 건조 효과로 크랙이 생기는 것을 방지해 준다.

제과기능사 실기

초코머핀(Choco Muffin)

시험시간
1시간 50분

제과기능사

이스트, 혹은 베이킹파우더로 부풀린 부드러운 반죽을 구워 만든 제품으로 팽창제를 사용하는 미국식과 이스트를 사용하는 영국식으로 나누어진다.

요구사항

※ 초코머핀을 제조하여 제출하시오.

❶ 배합표의 각 재료를 계량하여 재료별로 진열하시오(11분).

  • 재료계량(각 재료당 1분) → [감독위원 계량확인] → 작품제조 및 정리정돈(전체 시험시간-재료계량시간)

  • 재료계량 시간 내에 계량을 완료하지 못하여 시간이 초과된 경우 및 계량을 잘못한 경우는 추가의 시간 부여 없이 작품제조 및 정리정돈 시간을 활용하여 요구사항의 무게대로 계량

  • 달걀의 계량은 감독위원이 지정하는 개수로 계량

❷ 반죽은 크림법으로 제조하시오.

❸ 반죽온도는 24℃를 표준으로 하시오.

❹ 초코칩은 제품의 내부에 골고루 분포되게 하시오.

❺ 반죽분할은 주어진 팬에 알맞은 양으로 반죽을 패닝하시오.

❻ 반죽은 전량을 사용하여 분할하시오.

※ 감독위원은 시험 전 주어진 팬을 감안하여 팬의 개수를 지정하여 공지한다.

배합표 작성

재료명	비율(%)	무게(g)
박력분	100	500
설탕	60	300
버터	60	300
달걀	60	300
소금	1	5(4)
베이킹소다	0.4	2
베이킹파우더	1.6	8
코코아파우더	12	60
물	35	175(174)
탈지분유	6	30
초코칩	36	180
계	372	1,860(1,858)

제조방법

❶ 재료 계량

- 재료를 담는 용기에 계량하여 무게를 측정하고, 재료별로 진열해 놓는다.
- 전 재료를 제한시간(11분) 내에 손실없이 정확히 계량하여 감점요인을 없앤다.

❷ 반죽 제조방법

- 제공되는 버터는 상온에서 부드럽게 풀어질 정도까지 온도가 맞추어져 있어야 한다.
- 가루재료는 반죽 시작하기 전에 체에 걸러 놓아 반죽에 섞을 때 덩어리가 지지 않도록 해놓는다.
- 크림법은 믹서기에 버터와 설탕을 넣고 충분히 풀어질 때까지 믹서기로 반죽한다.
- 계량된 달걀을 2~3회에 걸쳐 나누어 넣으면서 거품이 형성될 때까지 충분히 믹싱한다.
- 유지류의 특성상 믹싱볼 가장자리에 유지류가 달라붙어 있을 수 있으니 주걱으로 긁어내가면서 거품을 낸다.
- 믹싱이 완료되면 체친 가루재료를 넣고 주걱으로 살짝 반죽을 자르듯이 섞어준다.
- 물을 넣고 고루 섞어준 뒤 초코칩을 넣고 고루 섞는다.

❸ 패닝

- 주어진 은박컵 혹은 종이컵의 반죽을 짤주머니에 담아 짠다.
- 짤주머니로 바닥부터 채워가면서 종이틀 높이의 70~80% 정도까지 채워 넣는다.

❹ 굽기

- 윗불 180℃, 밑불 160℃로 예열된 오븐에 넣고 30~35분 정도 구워낸다.
- 윗면이 자연스럽게 터진 제품이 완성된 제품으로 코코아 가루로 인해 반죽의 색이 어둡기 때문에 가운데 부분을 눌러보아 탄성이 느껴지면 오븐에서 꺼낸다.
- 컵에서 제품을 분리하거나 그대로 상온에서 냉각시켜 완성한다.

TIP*

- 반죽 시 버터는 믹싱볼에 달라붙어 잘 섞이지 않으므로 반죽 시작하기 전에 잘게 잘라서 사용해야 크림법 반죽에서 잘 풀어진다. 특히 시험장 내의 온도가 낮거나 주어진 버터의 온도가 낮을 때에는 주걱을 사용하여 수시로 반죽을 긁어내며 고루 섞이도록 믹싱한다.

시험시간
1시간 50분

버터스펀지 케이크(Butter Sponge Cake)–별립법 제과기능사

공립법과 구분되는 특징으로 달걀의 노른자와 흰자를 구분하여 각각 반죽한 후 섞는 형태의
반죽법으로 숙련도가 부족할 경우 재료혼합이 일정하지 않은 단점이 있으나 기포가 단단하
고 커서 보다 부드럽고 부피가 큰 제품에 응용된다.

요구사항

※ **버터스펀지 케이크(별립법)를 제조하여 제출하시오.**

❶ 배합표의 각 재료를 계량하여 재료별로 진열하시오(8분).

- 재료계량(각 재료당 1분) → [감독위원 계량확인] → 작품제조 및 정리정돈(전체 시험시간-재료계량시간)
- 재료계량 시간 내에 계량을 완료하지 못하여 시간이 초과된 경우 및 계량을 잘못한 경우는 추가의 시간 부여 없이 작품제조 및 정리정돈 시간을 활용하여 요구사항의 무게대로 계량
- 달걀의 계량은 감독위원이 지정하는 개수로 계량

❷ 반죽은 별립법으로 제조하시오.

❸ 반죽온도는 23℃를 표준으로 하시오.

❹ 반죽의 비중을 측정하시오.

❺ 제시한 팬에 알맞도록 분할하시오.

❻ 반죽은 전량을 사용하여 성형하시오.

배합표 작성

재료명	비율(%)	무게(g)
박력분	100	600
설탕(A)	60	360
설탕(B)	60	360
달걀	150	900
소금	1.5	9(8)
베이킹파우더	1	6
바닐라향	0.5	3(2)
용해버터	25	150
계	398	2,388(2,386)

제조방법

❶ 재료 계량
  - 재료를 담는 용기에 계량하여 무게를 측정하고, 재료별로 진열해 놓는다.
  - 전 재료를 제한시간(8분) 내에 손실없이 정확히 계량하여 감점요인을 없앤다.

❷ 사전 준비
  - 주어진 틀에 종이를 재단해서 준비해 놓는다.
  - 틀의 바닥과 옆면에 약간의 버터를 칠해서 종이를 준비해 놓으면 모양이 흐트러지지 않는다.

❸ 반죽 제조하는 방법
  - 우선 달걀을 노른자, 흰자로 분리하는 데 흰자에 노른자가 깨져서 섞이지 않도록 주의한다.
  - 노른자에 설탕A, 소금, 바닐라향을 넣고 골고루 풀어준다.
  - 머랭반죽 : 기름기와 수분을 제거한 믹싱볼에 흰자를 넣고 60% 정도까지 휘핑한다.
  - 설탕B를 1/2 정도 넣고 중간피크 정도(70~80%)까지 휘핑한 후에, 나머지 설탕을 넣고 머랭반죽을 만든다(약 90% 휘핑).
  - 제조된 노른자반죽에 머랭반죽 1/3을 넣고 잘 섞는다.
  - 체질한 가루재료를 넣고 혼합한다.
  - 나머지 머랭을 거품이 꺼지지 않도록 가볍게 섞는다.
  - 녹인 버터에 반죽을 소량 섞고 섞인 반죽을 나머지 반죽에 신속하게 고루 섞고 패닝한다.
  - 반죽온도 23℃로 유지할 것, 비중은 약 0.55±0.05

❹ 패닝
  - 주어진 원형팬의 내부에 미리 재단해 놓은 종이를 옆면-밑면의 순으로 깔아놓는다.
  - 미리 준비해 놓은 팬에 팬부피의 약 50~60% 정도의 반죽을 담고, 고무주걱으로 윗면의 평탄작업을 한 후 큰 기포를 제거한다.

❺ 굽기

- 오븐온도 : 180~190℃에서 30~35분간 굽는다.
- 오븐의 위치 등에 따라 온도차이가 있으므로, 일정시간이 경과하면 위치를 바꾸어 전체적으로 균일한 색이 나도록 한다.
- 오븐에서 구워져 나온 반죽은 즉시 테이블에 2~3차례 충격을 주어 내부의 뜨거운 증기를 빼준다.

❻ 비중 측정

- 비중은 무게와 부피 사이의 비율이란 뜻으로 같은 부피의 반죽에 대한 같은 부피의 물(비중이 1인 기준물질)을 나눈 값의 무게로 측정한다.
- 비중 = 1비중컵의 반죽무게 ÷ 1비중컵의 물무게
- 예제) 비중컵 30g, 물무게 170, 반죽무게 110이면
- ① 비중컵 + 반죽무게 = 140
- ② 비중컵 + 물무게 = 200
- ③ 비중 = 140 ÷ 200 = 0.7
- 즉, 비중이 낮다는 것(0에 가깝다)은 반죽 내에 공기가 많아 그만큼 가벼운 반죽이라는 뜻이다.

TIP*
- 패닝 종이는 미리 틀에 준비해 놓아야 반죽이 완성되면 즉시 패닝 후 오븐에 굽기과정을 진행할 수 있다.

TIP**
- 머랭을 섞을 때 1/3 정도는 충분히 섞어주어서 농도를 맞춘 후 나머지 머랭은 나무주걱으로 최대한 거품이 꺼지지 않도록 섞는 것이 중요하다.

TIP***
- 비중 측정은 정확한 값보다는 반죽의 농도를 측정하는 것이다. 주어진 틀은 물 100g이 담기므로 물무게 나누기 반죽무게(사진 42g)이므로 측정된 비중은 0.42이다.

젤리 롤 케이크(Jelly Roll Cake) - 공립법

스펀지시트에 잼이나 크림 등을 바르고 말아놓은 형태로 말아놓는 과정이 필요하므로 부드
럽게 구워야 갈라지거나 터지는 현상이 줄어든다. 말아놓은 상태로 냉장 휴지시간을 두면
형태의 보존이 쉽다.

요구사항

※ **젤리 롤 케이크(공립법)를 제조하여 제출하시오.**

❶ 배합표의 각 재료를 계량하여 재료별로 진열하시오(8분).

- 재료계량(각 재료당 1분) → [감독위원 계량확인] → 작품제조 및 정리정돈(전체 시험시간-재료계량시간)
- 재료계량 시간 내에 계량을 완료하지 못하여 시간이 초과된 경우 및 계량을 잘못한 경우는 추가의 시간 부여 없이 작품제조 및 정리정돈 시간을 활용하여 요구사항의 무게대로 계량
- 달걀의 계량은 감독위원이 지정하는 개수로 계량

❷ 반죽은 공립법으로 제조하시오.

❸ 반죽온도는 23℃를 표준으로 하시오.

❹ 반죽의 비중을 측정하시오.

❺ 제시한 팬에 알맞도록 분할하시오.

❻ 반죽은 전량을 사용하여 성형하시오.

❼ 캐러멜 색소를 이용하여 무늬를 완성하시오(무늬를 완성하지 않으면 제품껍질 평가 0점 처리).

배합표 작성

반죽

재료명	비율(%)	무게(g)
박력분	100	400
설탕	130	520
달걀	170	680
소금	2	8
물엿	8	32
베이킹파우더	0.5	2
우유	20	80
바닐라향	1	4
계	431.5	1,726

충전

재료명	비율(%)	무게(g)
잼	50	200

※ 계량시간에서 제외

제조방법

❶ 재료 계량

- 재료를 담는 용기에 계량하여 무게를 측정하고, 재료별로 진열해 놓는다.
- 전 재료를 제한시간(8분) 내에 손실없이 정확히 계량하여 감점요인을 없앤다.

❷ 사전 준비

- 주어진 틀에 종이를 재단해서 준비해 놓는다.
- 틀의 바닥과 옆면에 약간의 버터를 칠해서 종이를 준비해 놓으면 모양이 흐트러지지 않는다.
- 달걀 노른자 2개를 잘 풀어준 후 체에 걸러서 캐러멜색소와 섞어놓은 후 비닐로 된 1회용 짤주머니에 담아둔다.

❸ 반죽 제조하는 방법

- 32℃로 중탕한 달걀, 설탕, 소금, 물엿의 거품을 낸다.
- 달걀거품은 휘퍼가 지나간 자국이 뚜렷이 남는 수준까지 충분히 휘핑하고 이후 중간속도로 거품을 1~2분간 정리해 준다.
- 체친 박력분과 BP를 고루 섞어준다.
- 마지막에 우유에 반죽 일부를 붓고 고루 섞어준 후 나머지 반죽과 고루 섞어준다.
- 완성된 반죽은 패닝 준비가 완료된 팬에 패닝한다.
- 반죽온도 22℃로 유지할 것, 비중은 약 0.50±0.05

❹ 패닝

- 미리 재단해 놓은 종이를 깔아놓은 팬에 반죽을 붓는다.
- 팬에 반죽을 담고, 고무주걱이나 스크레이퍼로 윗면 평탄작업을 하면서 큰 기포를 제거한다.
- 반죽의 표면에 캐러멜색소를 넣은 반죽의 일부를 이용해 2/3 정도까지만 무늬를 내주고 젓가락을 이용해서 물결 무늬를 내준다.
- 캐러멜색소와 노른자를 섞은 무늬용 반죽은 한 지점에 뭉쳐서 흐르면 모양이 좋지 않으므로 균일하게 무늬를 내준다.

❺ 굽기

– 오븐온도 : 180~190℃에서 20-25분간 굽는다.

– 오븐의 위치 등에 따라 온도차이가 있으므로, 일정시간이 경과하면 위치를 바꾸어 전체적으로 균일한 색이 나도록 한다.

– 냉각이 덜 진행된 상태에서 잼이나 버터를 바른 후 말아서 완성한다.

❻ 비중 측정

– 비중은 무게와 부피 사이의 비율이란 뜻으로 같은 부피의 반죽에 대한 같은 부피의 물(비중이 1인 기준물질)을 나눈 값의 무게로 측정한다.

– 비중 = 1비중컵의 반죽무게 ÷ 1비중컵의 물무게

– 예제) 비중컵 30g, 물무게 170, 반죽무게 110이면

    ① 비중컵 + 반죽무게 = 140

    ② 비중컵 + 물무게 = 200

    ③ 비중 = 140 ÷ 200 = 0.7

– 즉, 비중이 낮다는 것(0에 가깝다)은 반죽 내에 공기가 많아 그만큼 가벼운 반죽이라는 뜻이다.

TIP*

• 패닝 준비하는 종이는 미리 준비해 놓아야 반죽이 완성되었을 경우 반죽의 거품이 꺼지지 않고 굽기과정을 진행할 수가 있고, 그에 따른 거품의 유지에 따라 완성제품의 부피에 이점이 있다.

TIP**

• 오븐에서 구워져 나온 제품은 완전히 식기 전에 말아주어야 표면 갈라짐이 덜하다. 완성품의 경우 말아올린 원형기둥의 두께가 고르게 유지되어야 하고, 잼이 밖으로 흐르지 않도록 적당히 바른다.

시험시간
1시간 50분

소프트 롤 케이크(Soft Roll Cake) – 별립법

제과기능사

젤리 롤 케이크의 반죽방법을 별립법으로 변형한 제품으로 젤리 롤 제품 대비 부드러움과 가벼움이 특징이다. 별립법 제조에 따른 반죽의 탄성이 상대적으로 높아 제품을 식힌 후 크림 등의 충전물 사용이 가능하다.

배점

제조공정 55점
제품평가 45점

요구사항

※ 소프트 롤 케이크를 제조하여 제출하시오.

❶ 배합표의 각 재료를 계량하여 재료별로 진열하시오(10분).

- 재료계량(각 재료당 1분) → [감독위원 계량확인] → 작품제조 및 정리정돈(전체 시험시간-재료계량시간)
- 재료계량 시간 내에 계량을 완료하지 못하여 시간이 초과된 경우 및 계량을 잘못한 경우는 추가의 시간 부여 없이 작품제조 및 정리정돈 시간을 활용하여 요구사항의 무게대로 계량
- 달걀의 계량은 감독위원이 지정하는 개수로 계량

❷ 반죽은 별립법으로 제조하시오.

❸ 반죽온도는 22℃를 표준으로 하시오.

❹ 반죽의 비중을 측정하시오.

❺ 제시한 팬에 알맞도록 분할하시오.

❻ 반죽은 전량을 사용하여 성형하시오.

❼ 캐러멜 색소를 이용하여 무늬를 완성하시오(무늬를 완성하지 않으면 제품 껍질 평가 0점 처리).

배합표 작성

반죽

재료명	비율(%)	무게(g)
박력분	100	250
설탕(A)	70	175(176)
물엿	10	25
소금	1	2.5(2)
물	20	50
바닐라향	1	2.5(2)
설탕(B)	60	150
달걀	280	700
베이킹파우더	1	2.5(2)
식용유	50	125(126)
계	593	1,482.5(1,484)

충전

재료명	비율(%)	무게(g)
잼	80	200

※ 계량시간에서 제외

❶ 재료 계량

- 재료를 담는 용기에 계량하여 무게를 측정하고, 재료별로 진열해 놓는다.
- 전 재료를 제한시간(10분) 내에 손실없이 정확히 계량하여 감점요인을 없앤다.

❷ 사전 준비

- 주어진 틀에 종이를 재단해서 준비해 놓는다.
- 틀의 바닥과 옆면에 약간의 버터를 칠해서 종이를 준비해 놓으면 모양이 흐트러지지 않는다.
- 달걀 노른자 2개를 잘 풀어준 후 체에 걸러서 캐러멜색소와 섞어놓은 후 비닐로 된 1회용 짤주머니에 담아둔다.

❸ 반죽 제조하는 방법

- 달걀을 흰자와 노른자로 분리한 후 노른자를 충분히 풀어주면서 충분한 거품을 내준다.
- 노른자에 설탕, 소금, 물엿, 바닐라향, 물을 넣고 믹싱하면서 마찬가지로 충분히 거품을 내준다.
- 머랭반죽 : 기름기와 수분을 제거한 믹싱볼에 흰자를 넣고 60% 정도까지 휘핑한다.
- 설탕을 1/2 정도 넣고 중간피크 정도(70~80%)까지 휘핑한 후에, 나머지 설탕을 넣고 머랭반죽을 만든다(약 90% 휘핑).
- 제조된 크림반죽에 머랭반죽 1/3을 넣고 잘 섞는다.
- 체질한 가루재료를 넣고 혼합 후 본반죽의 일부를 식용유에 넣고 잘 섞는다.
- 나머지 머랭을 거품이 꺼지지 않도록 가볍게 섞는다.
- 반죽온도 22℃로 유지할 것, 비중은 약 0.45±0.05

❹ 패닝

- 미리 재단해 놓은 종이를 깔아놓은 팬에 반죽을 붓는다.
- 팬에 반죽을 담고, 고무주걱이나 스크레이퍼로 윗면 평탄작업을 하면서 큰 기포를 제거한다.
- 반죽의 표면에 캐러멜색소를 넣은 반죽의 일부를 이용해 2/3 정도까지만 무늬를 내주고 젓가락을 이용해서 물결 무늬를 내준다.
- 캐러멜색소와 노른자를 섞은 무늬용 반죽은 한 지점에 뭉쳐서 흐르면 모양이 좋지 않으므로 균일하게 무늬를 내준다.

❺ 굽기

- 오븐온도 : 180~190℃에서 20~25분간 굽는다.
- 오븐의 위치 등에 따라 온도차이가 있으므로, 일정시간이 경과하면 위치를 바꾸어 전체적으로 균일한 색이 나도록 한다.
- 냉각 후 주어진 잼을 바른 후 말아서 완성한다.

❻ 비중 측정

- 비중은 무게와 부피 사이의 비율이란 뜻으로 같은 부피의 반죽에 대한 같은 부피의 물(비중이 1인 기준물질)을 나눈 값의 무게로 측정한다.
- 비중 = 1비중컵의 반죽무게 ÷ 1비중컵의 물무게
- 예제) 비중컵 30g, 물무게 170, 반죽무게 110이면
    ① 비중컵 + 반죽무게 = 140
    ② 비중컵 + 물무게 = 200
    ③ 비중 = 140 ÷ 200 = 0.7
- 즉, 비중이 낮다는 것(0에 가깝다)은 반죽 내에 공기가 많아 그만큼 가벼운 반죽이라는 뜻이다.

TIP*

- 패닝 준비하는 종이는 미리 준비해 놓아야 반죽이 완성되었을 경우 반죽의 거품이 꺼지지 않고 패닝 후 굽기과정을 빨리 진행할 수 있고, 그에 따라 제품의 부피에 이점이 있다.
- 완성품의 경우 말아올린 원형기둥의 두께가 고르게 유지되어야 하고, 잼이 밖으로 흐르지 않도록 적당히 바른다.

TIP**

- 공립법 반죽과 달리 별립법으로 제조한 반죽은 탄성이 있으므로 반죽을 식힌 후 말아주어도 된다. 다만 크림 대신 잼이 주어질 경우 역시 제품을 덜 식힌 상태에서 말아주는 것이 좋다.

버터스펀지 케이크(Butter Sponge Cake) – 공립법

제과기능사

흔히 제누아즈라로 표현되는 버터를 사용한 스펀지 케이크로 이탈리아 제노바 지방의 유래
로 인해 제누아즈라 불린다. 달걀을 노른자. 흰자 구분없이 넣고 거품을 형성하는 방법으로
별립법과는 구분된다. 케이크의 조직이 다소 조밀하고 거품의 크기가 작은 것이 특징

요구사항

※ 버터스펀지 케이크(공립법)를 제조하여 제출하시오.

❶ 배합표의 각 재료를 계량하여 재료별로 진열하시오(6분).

- 재료계량(각 재료당 1분) → [감독위원 계량확인] → 작품제조 및 정리정돈(전체 시험시간-재료계량시간)
- 재료계량 시간 내에 계량을 완료하지 못하여 시간이 초과된 경우 및 계량을 잘못한 경우는 추가의 시간 부여 없이 작품제조 및 정리정돈 시간을 활용하여 요구사항의 무게대로 계량
- 달걀의 계량은 감독위원이 지정하는 개수로 계량

❷ 반죽은 공립법으로 제조하시오.

❸ 반죽온도는 25℃를 표준으로 하시오.

❹ 반죽의 비중을 측정하시오.

❺ 제시한 팬에 알맞도록 분할하시오.

❻ 반죽은 전량을 사용하여 성형하시오.

배합표 작성

재료명	비율(%)	무게(g)
박력분	100	500
설탕	120	600
달걀	180	900
소금	1	5(4)
바닐라향	0.5	2.5(2)
버터	20	100
계	421.5	2,107.5(2,106)

제조방법

❶ 재료 계량
- 재료를 담는 용기에 계량하여 무게를 측정하고, 재료별로 진열해 놓는다.
- 전 재료를 제한시간(6분) 내에 손실없이 정확히 계량하여 감점요인을 없앤다.

❷ 사전 준비
- 주어진 틀에 종이를 재단해서 준비해 놓는다.
- 틀의 바닥과 옆면에 약간의 버터를 칠해서 종이를 준비해 놓으면 모양이 흐트러지지 않는다.
- 버터를 중탕하거나 오븐에 미리 넣고 용해시켜서 사용한다.

❸ 반죽 제조하는 방법
- 믹싱볼에 달걀을 풀어준 후 설탕과 소금을 넣고 기포를 충분히 형성한다.
- 믹싱볼에 달걀, 설탕, 소금을 넣고 거품기로 골고루 풀어준 다음에 중탕으로 43℃로 용해시킨다.
- 믹싱볼에 용해시킨 재료를 믹서를 사용하여 중속, 고속으로 휘핑하여 거품을 형성한다.
- 체친 박력분과 바닐라향을 거품을 낸 반죽에 넣고 살짝 섞는다.
- 중탕으로 버터를 녹인 후 반죽의 일부를 녹인 버터에 넣고 섞은 후 다시 그 반죽을 원 반죽에 넣고 살짝 섞는다.
- 손가락으로 거품을 살짝 찍어서 떨어지지 않는 상태여야 하고, 거품의 색이 미색인지 확인한다.
- 반죽온도 25℃로 유지할 것
- 용해한 버터는 완전히 녹여(40~50℃) 반죽 작업 전에 미리 준비하고, 겨울철은 실내온도가 낮기 때문에 녹인 버터가 다시 응고되지 않도록 보관한다.

❹ 패닝
- 종이를 미리 재단한 팬의 내부에 반죽을 60~70% 정도까지 패닝한다.
- 팬은 감독관의 지시에 따라 사용하도록 한다.

❺ 굽기

- 오븐온도 : 180~190℃에서 25~30분간 굽는다.
- 굽기 과정 시 껍질색이 나기 전에 오븐의 문을 열면 케이크가 주저앉게 된다.
- 오븐의 위치 등에 따라 온도 차이가 있으므로, 일정시간이 경과하면 위치를 바꾸어 전체적으로 균일한 색이 나도록 한다.

❻ 비중 측정

- 비중은 무게와 부피 사이의 비율이란 뜻으로 같은 부피의 반죽에 대한 같은 부피의 물(비중이 1인 기준물질)을 나눈 값의 무게로 측정한다.
- 비중 = 1비중컵의 반죽무게 ÷ 1비중컵의 물무게
- 예제) 비중컵 30g, 물무게 170, 반죽무게 110이면

    ① 비중컵 + 반죽무게 = 140

    ② 비중컵 + 물무게 = 200

    ③ 비중 = 140 ÷ 200 = 0.7

- 즉, 비중이 낮다는 것(0에 가깝다)은 반죽 내에 공기가 많아 그만큼 가벼운 반죽이라는 뜻이다.

TIP*

- 패닝 준비는 미리 해놓도록 하고 달걀과 설탕의 거품을 낼 때에는 충분히 내도록 한다. 그리고 가루재료를 섞을 때는 미리 체쳐 놓은 가루재료를 붓고 손이나 고무주걱으로 재빨리 섞도록 하고 녹인 버터를 넣을 시 천천히 고루 섞는다. 그래야 거품이 꺼지지 않고 원하는 부피의 부드러운 제품을 얻을 수 있다.

<table>
<tr><td>시험시간
1시간 50분</td></tr>
</table>

마들렌(Madeleine)

제과기능사

조개모양의 틀에 구워낸 대표적인 구움과자의 한 종류로 만들기는 쉽지만 틀에서 빼내기 쉽도록 미리 오일이나 강력분을 발라서 패닝한다.

요구사항

※ **마들렌을 제조하여 제출하시오.**

❶ 배합표의 각 재료를 계량하여 재료별로 진열하시오(7분).

- 재료계량(각 재료당 1분) → [감독위원 계량확인] → 작품제조 및 정리정돈(전체 시험시간-재료계량시간)
- 재료계량 시간 내에 계량을 완료하지 못하여 시간이 초과된 경우 및 계량을 잘못한 경우는 추가의 시간 부여 없이 작품제조 및 정리정돈 시간을 활용하여 요구사항의 무게대로 계량
- 달걀의 계량은 감독위원이 지정하는 개수로 계량

❷ 마들렌은 수작업으로 하시오.

❸ 버터를 녹여서 넣는 1단계법(변형) 반죽법을 사용하시오.

❹ 반죽온도는 24℃를 표준으로 하시오.

❺ 실온에서 휴지를 시키시오.

❻ 제시된 팬에 알맞은 반죽량을 넣으시오.

❼ 반죽은 전량을 사용하여 성형하시오.

배합표 작성

재료명	비율(%)	무게(g)
박력분	100	400
베이킹파우더	2	8
설탕	100	400
달걀	100	400
레몬껍질	1	4
소금	0.5	2
버터	100	400
계	403.5	1,614

제조방법

❶ 재료 계량
- 재료를 담는 용기에 계량하여 무게를 측정하고, 재료별로 진열해 놓는다.
- 전 재료를 제한시간(7분) 내에 손실없이 정확히 계량하여 감점요인을 없앤다.

❷ 사전 준비
- 제공되는 마들렌 틀에 식용유 혹은 녹인 버터를 얇게 붓으로 바른다.
- 오일을 얇게 바른 틀에 강력분을 흩뿌려서 살짝 코팅이 되게 준비한다.

❸ 반죽 제조하는 방법
- 박력분, 베이킹파우더, 소금, 설탕을 고루 섞고 체를 쳐놓는다.
- 설탕과 소금이 고운체에는 걸러지지 않으므로 중간메시의 체를 사용한다.
- 달걀을 2–3회에 나누어 투입하면서 덩어리지지 않게 손거품기로 잘 섞어준다.
- 중탕으로 녹여놓은 버터를 잘 섞고 부드럽게 만든다.
- 반죽온도 24℃로 유지할 것
- 강판에 갈아놓은 레몬껍질을 고루 섞고 냉장고에서 약 30분 이상 휴지를 시킨다.

❹ 패닝
- 오일과 강력분으로 준비된 팬에 냉장휴지된 반죽을 약 80% 정도 짤주머니로 짜서 패닝한다.
- 냉장휴지된 반죽은 짤주머니로 짠 후 퍼지는 시간이 필요하므로 조금 모자라게 짠 후 가감을 통해 전체적으로 균일한 양을 패닝한다.

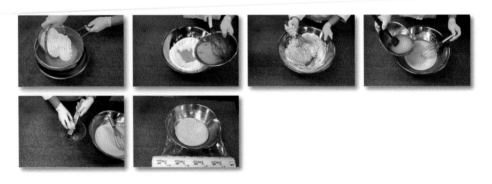

❺ 굽기

- 오븐온도 : 190~200℃에서 20~25분간 굽는다.

- 오븐의 위치 등에 따라 온도차이가 있으므로, 일정시간이 경과하면 위치를 바꾸어 전체적으로 균일한 색이 나도록 한다.

TIP*

- 패닝 준비 시 기름칠을 미리해 두는 것이 좋다. 그래야 틀에서 제품이 깨끗하게 이탈되고, 작업장의 온도가 높을 경우 냉장휴지를 충분히 하는 것이 좋다. 버터를 녹일 때는 반드시 중탕으로 약 60℃로 덥혀서 사용하는 것이 반죽에 섞기기 쉽다.

쇼트브레드 쿠키(Short Bread Cookie)

제과기능사

크림법으로 제조한 쿠키의 대표적인 제품으로 글루텐을 형성시키지 않아야 바삭거리는 제품을 완성할 수 있으므로 믹싱을 고르게 짧게 하는 것이 좋다.

요구사항

※ **쇼트브레드 쿠키를 제조하여 제출하시오.**

❶ 배합표의 각 재료를 계량하여 재료별로 진열하시오(9분).

- 재료계량(각 재료당 1분) → [감독위원 계량확인] → 작품제조 및 정리정돈(전체 시험시간-재료계량시간)
- 재료계량 시간 내에 계량을 완료하지 못하여 시간이 초과된 경우 및 계량을 잘못한 경우는 추가의 시간 부여 없이 작품제조 및 정리정돈 시간을 활용하여 요구사항의 무게대로 계량
- 달걀의 계량은 감독위원이 지정하는 개수로 계량

❷ 반죽은 수작업으로 하여 크림법으로 제조하시오.

❸ 반죽온도는 20℃를 표준으로 하시오.

❹ 제시한 정형기를 사용하여 두께 0.7∼0.8cm, 지름 5∼6cm(정형기에 따라 가감) 정도로 정형하시오.

❺ 반죽은 전량을 사용하여 성형하시오.

❻ 달걀노른자칠을 하여 무늬를 만드시오.

- 달걀은 총 7개를 사용하며, 달걀 크기에 따라 감독위원이 가감하여 지정할 수 있다.

  ① 배합표 반죽용 4개(달걀 1개+노른자용 달걀 3개)

  ② 달걀 노른자칠용 달걀 3개

배합표 작성

재료명	비율(%)	무게(g)
박력분	100	500
마가린	33	165(166)
쇼트닝	33	165(166)
설탕	35	175(176)
소금	1	5(6)
물엿	5	25(26)
달걀	10	50
노른자	10	50
바닐라향	0.5	2.5(2)
계	227.5	1,137.5(1,142)

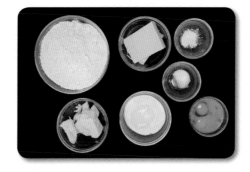

❶ 재료 계량
 – 재료를 담는 용기에 계량하여 무게를 측정하고, 재료별로 진열해 놓는다.
 – 전 재료를 제한시간(9분) 내에 손실없이 정확히 계량하여 감점요인을 없앤다.

❷ 반죽 제조방법
 – 박력분, 베이킹파우더, 소금, 설탕을 고루 섞고 체를 쳐놓는다.
 – 버터와 쇼트닝에 노른자와 달걀을 섞어놓은 액체재료를 조금씩 나누어 부어가면서 크림화시킨다.
 – 크림화는 과도하게 할 경우 오븐에서 쿠키가 퍼져 모양이 좋지 않으므로 적당한 수준까지만 크림화시킨다.
 – 체친 가루재료를 넣고 한 덩어리가 될 때까지 고루 섞는다.
 – 약 30분 정도 휴지를 시킨다.
 – 반죽온도 24℃로 유지할 것
 – 반죽을 밀대로 밀어 펴서 0.5cm 두께로 고르게 밀어 펴 놓는다.
 – 시험장에서 주어진 정형몰드로 모양을 찍어내어 철판에 균일한 간격을 맞추어 패닝한다.

❸ 패닝

- 주어진 팬의 내부에 미리 기름칠을 해둔다.

- 정형한 반죽의 간격을 고르게 해서 패닝한다.

- 윗면에 노른자를 칠하고 마른 후 다시 한번 노른자를 칠한다.

- 노른자를 칠한 윗면에 포크 등으로 모양을 낸다.

❹ 굽기

- 오븐온도 : 195~200℃에서 15~20분간 굽는다.

- 오븐의 위치 등에 따라 온도차이가 있으므로, 일정시간이 경과하면 위치를 바꾸어 전체적으로 균일한 색이 나도록 한다.

TIP*
- 반죽은 작업장의 온도가 높을 경우 냉장 휴지하는 것이 좋다. 쿠키반죽은 식감이 떨어질 수 있으므로 많이 치대지 않는다. 달걀물을 칠한 후 모양을 낼 때에는 가로세로 방향으로 모양을 내야 쿠키가 찌그러지지 않는다.

슈(Choux)

양배추란 뜻의 프랑스어로 양배추모양의 껍질에 커스터드 크림을 넣은 과자로 여러 가지 모양을 만든다. 에클레어 : 긴 모양의 슈 번개라는 뜻. 즉 표면에 바른 퐁당이나 초콜릿이 빛에 반사되는 느낌을 표현

요구사항

※ 슈를 제조하여 제출하시오.

❶ 배합표의 껍질 재료를 계량하여 재료별로 진열하시오(5분).

• 재료계량(각 재료당 1분) → [감독위원 계량확인] → 작품제조 및 정리정돈(전체 시험시간-재료계량시간)

• 재료계량 시간 내에 계량을 완료하지 못하여 시간이 초과된 경우 및 계량을 잘못한 경우는 추가의 시간 부여 없이 작품제조 및 정리정돈 시간을 활용하여 요구사항의 무게대로 계량

• 달걀의 계량은 감독위원이 지정하는 개수로 계량

❷ 껍질 반죽은 수작업으로 하시오.

❸ 반죽은 직경 3cm 전후의 원형으로 짜시오.

❹ 커스터드 크림을 껍질에 넣어 제품을 완성하시오.

❺ 반죽은 전량을 사용하여 성형하시오.

배합표 작성

반죽

재료명	비율(%)	무게(g)
물	125	250
버터	100	200
소금	1	2
중력분	100	200
달걀	200	400
계	526	1,052

충전용 크림 - 반죽 속에 충전할 크림

재료명	비율(%)	무게(g)
커스터드 크림	500	1,000

※ 커스터드파우더는 우유 또는 물과 1:3으로 섞어 사용

※ 계량시간에서 제외

❶ 재료 계량

   – 재료를 담는 용기에 계량하여 무게를 측정하고, 재료별로 진열해 놓는다.

   – 전 재료를 제한시간(5분) 내에 손실없이 정확히 계량하여 감점요인을 없앤다.

❷ 반죽 제조방법

   – 냄비에 물, 버터, 소금을 같이 넣고 끓인다.

   – 체친 중력분을 끓는 물에 넣고 덩어리지지 않도록 손 거품기로 충분히 섞어준다.

   – 내열 실리콘 주걱이나 나무주걱으로 눌어붙지 않도록 부지런히 저어가면서 충분히 익혀준다.

   – 반죽이 어느 정도 투명한 정도가 보이면 불에서 내린다.

   – 반죽이 뜨거우므로 주걱으로 살살 저어가면서 한 김 식힌다.

   – 어느 정도 식힌 반죽에 달걀을 1~2개씩 나누어 넣어주면서 분리되지 않게끔 고루 잘 섞어준다.

   – 끈기가 날 정도까지 충분히 섞어준다.

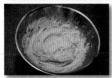

❸ 패닝
- 주어진 팬에 동그란 모양깍지를 끼우고 약 3cm 정도로 짠 후 분무기로 물을 뿌린 뒤 굽는다.

❹ 굽기
- 오븐온도 : 220~225℃에서 10분간 굽고 아랫불을 줄이고 윗불로 구워 색을 낸다.
- 오븐의 위치 등에 따라 온도차이가 있으므로, 일정시간이 경과하면 위치를 바꾸어 전체적으로 균일한 색이 나도록 한다.

❺ 충전용 크림 만들기
- 주어진 커스터드파우더에 물을 넣고 고루 섞어준다.
- 구워져 나온 슈를 충분히 식힌 후 밑면에 모양깍지로 크림을 짜넣는다.

TIP*
- 불 위에서 반죽을 충분히 호화시켜 주어야 실제 오븐에서 수증기압으로 표면이 잘 갈라진다. 충전용 크림의 경우 눌어붙지 않도록 자주 저어주어야 한다.

TIP**
- 오븐 안에서는 슈 반죽이 충분히 건조될 때까지 구워내야 나중에 찌그러지지 않는다. 즉 옆면 색이 충분히 날 때까지 구워주어야 한다.

브라우니(Brownies)

영국의 전통적인 과자로 미국에 전해져 인기를 끌고 있다. 버터케이크와 쿠키의 중간에 위치하는 제품으로 갈색빛으로 구운 색이 들어 붙여진 명칭. 과일, 견과류, 박하 등도 첨가하지만 대표적으로 초콜릿을 첨가한 제품이 일반적이다.

요구사항

※ 브라우니를 제조하여 제출하시오.

❶ 배합표의 각 재료를 계량하여 재료별로 진열하시오(9분).

- 재료계량(각 재료당 1분) → [감독위원 계량확인] → 작품제조 및 정리정돈(전체 시험시간-재료계량시간)
- 재료계량 시간 내에 계량을 완료하지 못하여 시간이 초과된 경우 및 계량을 잘못한 경우는 추가의 시간 부여 없이 작품제조 및 정리정돈 시간을 활용하여 요구사항의 무게대로 계량
- 달걀의 계량은 감독위원이 지정하는 개수로 계량

❷ 브라우니는 수작업으로 반죽하시오.

❸ 버터와 초콜릿을 함께 녹여서 넣는 1단계 변형반죽법으로 하시오.

❹ 반죽온도는 27℃를 표준으로 하시오.

❺ 반죽은 전량을 사용하여 성형하시오.

❻ 3호 원형팬 2개에 패닝하시오.

❼ 호두의 반은 반죽에 사용하고 나머지 반은 토핑하며, 반죽 속과 윗면에 골고루 분포되게 하시오(호두는 구워서 사용).

배합표 작성

재료명	비율(%)	무게(g)
중력분	100	300
달걀	120	360
설탕	130	390
소금	2	6
버터	50	150
다크초콜릿(커버처)	150	450
코코아파우더	10	30
바닐라향	2	6
호두	50	150
계	614	1,842

❶ 재료 계량
- 재료를 담는 용기에 계량하여 무게를 측정하고, 재료별로 진열해 놓는다.
- 전 재료를 제한시간(9분) 내에 손실없이 정확히 계량하여 감점요인을 없앤다.

❷ 사전 준비
- 주어진 틀에 종이를 재단해서 준비해 놓는다.
- 틀의 바닥과 옆면에 약간의 버터를 칠해서 종이를 준비해 놓으면 모양이 흐트러지지 않는다.

❸ 반죽 제조하는 방법
- 도마 위에 초콜릿을 올려놓고 주방칼로 잘게 다진다.
- 물기를 제거한 스텐볼에 놓고 중불로 중탕하여 완전히 용해시킨다.
- 버터를 함께 넣고 중탕하여 초콜릿과 버터가 완전히 용해되어 섞일 때까지 중탕한다.
- 호두분태는 오븐에 미리 살짝 구워놓는다.
- 달걀에 설탕과 소금을 넣고 거품이 많이 나지 않는 범위 내에서 휘핑하여 중탕한 초콜릿과 버터를 넣고 고루 섞는다.
- 이때 반죽은 약간의 온기를 가지고 있어야 한다.
- 체친 가루재료를 넣고 고루 섞는다.
- 구운 호두의 절반 정도를 반죽에 넣고 고루 섞는다.

❹ 패닝
- 유산지를 깔아놓은 원형팬에 반죽을 80% 정도 채우고 남은 호두를 위에 뿌린다.

❺ 굽기
- 윗불 180℃, 밑불 160℃로 예열된 오븐에 넣고 35분 정도 구워낸다.
- 구워진 제품을 틀에서 분리하여 냉각팬에 식힌다.

TIP*
- 초콜릿을 중탕할 경우 물기를 완전히 제거한 스텐볼을 사용하여야 초콜릿의 물성이 좋아진다.
- 달걀과 설탕을 넣고 약간 휘핑이 될 정도로 거품을 내주어야 반죽을 섞는 과정에서 뭉침이 덜하다.

과일케이크(Fruits Cake)

과일을 사용할 경우 기타 재료와 마찬가지로 전처리과정을 거치게 되는데 수분함유율이나
기타 향에 관계해서 적당한 공정을 거치는 것이 효율적이다.

요구사항

※ 과일케이크를 제조하여 제출하시오.

❶ 배합표의 각 재료를 계량하여 재료별로 진열하시오(13분).

- 재료계량(각 재료당 1분) → [감독위원 계량확인] → 작품제조 및 정리정돈(전체 시험시간-재료계량시간)
- 재료계량 시간 내에 계량을 완료하지 못하여 시간이 초과된 경우 및 계량을 잘못한 경우는 추가의 시간 부여 없이 작품제조 및 정리정돈 시간을 활용하여 요구사항의 무게대로 계량
- 달걀의 계량은 감독위원이 지정하는 개수로 계량

❷ 반죽은 별립법으로 제조하시오.

❸ 반죽온도는 23℃를 표준으로 하시오.

❹ 제시한 팬에 알맞도록 분할하시오.

❺ 반죽은 전량을 사용하여 성형하시오.

배합표 작성

재료명	비율(%)	무게(g)
박력분	100	500
설탕	90	450
마가린	55	275(276)
달걀	100	500
우유	18	90
베이킹파우더	1	5(4)
소금	1.5	7.5(8)
건포도	15	75(76)
체리	30	150
호두	20	100
오렌지필	13	65(66)
럼주	16	80
바닐라향	0.4	2
계	459.9	2,299.5(2,300~2,302)

❶ 재료 계량

- 재료를 담는 용기에 계량하여 무게를 측정하고, 재료별로 진열해 놓는다.
- 전 재료를 제한시간(13분) 내에 손실없이 정확히 계량하여 감점요인을 없앤다.

❷ 사전 준비

- 주어진 틀에 종이를 재단해서 준비해 놓는다.
- 틀의 바닥과 옆면에 약간의 버터를 칠해서 종이를 준비해 놓으면 모양이 흐트러지지 않는다.

❸ 반죽 제조하는 방법

- 호두는 잘게 쪼개서 살짝 구워 놓는다.
- 오렌지필, 체리, 건포도는 미리 럼주에 버무려서 전처리해 둔다.
- 가루재료를 체에 걸러 놓는다. ⇨ 이물질 제거, 재료를 분산, 재료에 공기를 혼입하여 양질의 제품을 생산하기 위함이다.
- 달걀을 흰자와 노른자로 분리한다. ⇨ 흰자에 노른자가 깨져서 섞이지 않도록 주의한다.
- 크림반죽 : 마가린을 부드럽게 풀어주고, 설탕, 소금을 넣고 크림상태로 만들어 페이스트화시킨다.
- 달걀노른자를 조금씩 부어주면서 충분히 미색이 날 때까지 충분히 크림화시킨다.
- 머랭반죽 : 기름기와 수분을 제거한 믹싱볼에 흰자를 넣고 60% 정도까지 휘핑한다.
- 설탕을 1/2 정도 넣고 중간피크 정도(80~90%)까지 휘핑한 후에, 나머지 설탕을 넣고 머랭반죽을 만든다(약 90% 휘핑).
- 제조된 크림반죽에 머랭반죽 1/3을 넣고 잘 섞는다.

- 체질한 가루재료를 넣고 혼합 후 전처리된 충전물을 섞고 나머지 머랭을 거품이 꺼지지 않도록 가볍게 섞는다.
- 우유에 반죽 일부를 넣고 혼합한 뒤 나머지 반죽과 고루 섞은 후에 패닝한다.
- 반죽온도 23℃로 유지할 것, 비중은 약 0.80±0.05

❹ 패닝

- 주어진 원형 팬의 내부에 미리 재단해 놓은 종이를 옆면-밑면의 순으로 깔아놓는다.
- 미리 준비해 놓은 팬에 팬 부피의 약 80% 정도의 반죽을 담고, 고무주걱으로 윗면의 평탄작업을 한 후 큰 기포를 제거한다.

❺ 굽기

- 오븐온도 : 170~180℃에서 30~35분간 굽는다.
- 오븐의 위치 등에 따라 온도차이가 있으므로, 일정시간이 경과하면 위치를 바꾸어 전체적으로 균일한 색이 나도록 한다.

TIP*

- 패닝 준비 시 종이는 미리 준비해 놓아야 반죽이 완성되었을 경우 반죽의 거품이 꺼지지 않고 패닝 후 굽기과정을 빨리 진행할 수 있고, 그에 따라 제품의 부피에 이점이 있다.
- 일반케이크 반죽보다 과일 충전물이 많은 관계로 부피팽창이 작으므로 일반케이크 반죽에 비해 다소 많이 담는다.

파운드 케이크(Pound Cake)

제과기능사

영국에서 유래된 주재료인 밀가루, 유지, 달걀, 설탕을 각각 1파운드씩 사용한 반죽이고 그 제품의 무게도 1파운드로 만든 것에서 유래

요구사항

※ **파운드 케이크를 제조하여 제출하시오.**

❶ 배합표의 각 재료를 계량하여 재료별로 진열하시오(9분).

- 재료계량(각 재료당 1분) → [감독위원 계량확인] → 작품제조 및 정리정돈(전체 시험시간-재료계량시간)
- 재료계량 시간 내에 계량을 완료하지 못하여 시간이 초과된 경우 및 계량을 잘못한 경우는 추가의 시간 부여 없이 작품제조 및 정리정돈 시간을 활용하여 요구사항의 무게대로 계량
- 달걀의 계량은 감독위원이 지정하는 개수로 계량

❷ 반죽은 크림법으로 제조하시오.

❸ 반죽온도는 23℃를 표준으로 하시오.

❹ 반죽의 비중을 측정하시오.

❺ 윗면을 터뜨리는 제품을 만드시오.

❻ 반죽은 전량을 사용하여 성형하시오.

- -

배합표 작성

재료명	비율(%)	무게(g)
박력분	100	800
설탕	80	640
버터	80	640
유화제	2	16
소금	1	8
탈지분유	2	16
바닐라향	0.5	4
베이킹파우더	2	16
달걀	80	640
계	347.5	2,780

제조방법

❶ 재료 계량
- 재료를 담는 용기에 계량하여 무게를 측정하고, 재료별로 진열해 놓는다.
- 전 재료를 제한시간(9분) 내에 손실없이 정확히 계량하여 감점요인을 없앤다.

❷ 사전 준비
- 주어진 파운드 틀에 종이를 재단해서 옆면, 아랫면 순으로 준비해 놓고 틀이 아닌 종이틀일 경우는 팬 위에 놓고 패닝 준비를 한다.

❸ 반죽 제조하는 방법
- 버터를 부드럽게 풀어준 후 소금, 설탕, 유화제를 넣고 거의 흰색이 날 때까지 크림상태의 반죽을 충분히 만든다.
- 달걀을 2~3회 정도 나누어 넣으면서 부드러운 크림상태가 유지되도록 한다.
- 물을 조금씩 넣어주면서 잘 섞어준다.
- 체질한 가루재료를 넣고 혼합 후 반죽을 잘 섞어가며 부드러운 상태의 반죽을 만든다.
- 반죽온도 23℃로 유지할 것, 비중은 약 0.75±0.05

❹ 패닝
- 미리 준비해 놓은 팬에 팬 부피의 약 70~75%의 부피로 패닝한다.
- 패닝할 경우 짤주머니를 사용하면 아랫부분에 공간이 생기지 않아 좋다.
- 무게를 균일하게 계량하여 패닝하고 파운드 틀의 양 옆부분을 조금 높게 스크레이핑해 놓으면 굽기과정 중 균일한 높이의 제품을 얻을 수 있다.

❺ 굽기

- 오븐온도 : 210~220℃에서 윗면이 갈색이 날 정도까지 굽고 윗면에 기름을 묻힌 칼끝으로 중앙을 터뜨려서 190℃에서 뚜껑을 덮고 30~35분간 굽는다.
- 오븐의 위치 등에 따라 온도차이가 있으므로, 일정시간이 경과하면 위치를 바꾸어 전체적으로 균일한 색이 나도록 한다.
- 오븐에서 꺼낸 후 달걀노른자에 설탕을 섞은 광택제를 뜨거울 때 윗면에 고르게 바른다.

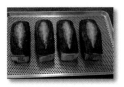

❻ 비중 측정

- 비중은 무게와 부피 사이의 비율이란 뜻으로 같은 부피의 반죽에 대한 같은 부피의 물(비중이 1인 기준물질)을 나눈 값의 무게로 측정한다.
- 비중 = 1비중컵의 반죽무게 ÷ 1비중컵의 물무게
- 예제) 비중컵 30g, 물무게 170, 반죽무게 110이면
  ① 비중컵 + 반죽무게 = 140
  ② 비중컵 + 물무게 = 200
  ③ 비중 = 140 ÷ 200 = 0.7
- 즉, 비중이 낮다는 것(0에 가깝다)은 반죽 내에 공기가 많아 그만큼 가벼운 반죽이라는 뜻이다.

TIP*
- 칼집을 낸 후 오븐온도 줄이는 것을 잊지 말고, 달걀량이 많으므로 크림법 제조 시 분리가 일어난다. 이러한 이유로 크림상태의 반죽을 과다하게 거품을 내면 갈라짐이 크고 반죽이 주저앉을 수 있으므로 주의한다.

다쿠아즈(Dacquoise)

비스킷의 원산지로 유명한 프랑스의 닥스(DAX) 지방에서 유래된 과자이고 닥스스타일이란
뜻이다. 즉, 이 지방의 생활방식을 담은 과자라는 의미이다. 원래 닥스 지방에서 생산되는
아몬드를 주원료로 사용했는데 아몬드가루와 설탕, 밀가루를 머랭과 섞어 반죽하고 갖가지
향의 크림을 샌드한다.

요구사항

※ 다쿠아즈를 제조하여 제출하시오.

❶ 배합표의 각 재료를 계량하여 재료별로 진열하시오(5분).

- 재료계량(각 재료당 1분) → [감독위원 계량확인] → 작품제조 및 정리정돈(전체 시험시간-재료계량시간)
- 재료계량 시간 내에 계량을 완료하지 못하여 시간이 초과된 경우 및 계량을 잘못한 경우는 추가의 시간 부여 없이 작품제조 및 정리정돈 시간을 활용하여 요구사항의 무게대로 계량
- 달걀의 계량은 감독위원이 지정하는 개수로 계량

❷ 머랭을 사용하는 반죽을 만드시오.

❸ 표피가 갈라지는 다쿠아즈를 만드시오.

❹ 다쿠아즈 2개를 크림으로 샌드하여 1조의 제품으로 완성하시오.

❺ 반죽은 전량을 사용하여 성형하시오.

배합표 작성

반죽

재료명	비율(%)	무게(g)
달걀흰자	130	325(326)
설탕	40	100
아몬드분말	80	200
분당	66	165(166)
박력분	20	50
계	336	840(842)

충전용 크림

재료명	비율(%)	무게(g)
버터크림(샌드용)	90	225(226)

※ 계량시간에서 제외

제조방법

❶ 재료 계량

- 재료를 담는 용기에 계량하여 무게를 측정하고, 재료별로 진열해 놓는다.
- 전 재료를 제한시간(10분) 내에 손실없이 정확히 계량하여 감점요인을 없앤다.

❷ 사전 준비

- 주어진 다쿠아즈 틀은 팬 위에 바로 올리지 말고 종이를 재단해서 팬에 맞게 준비해 놓는다.
- 패닝 시 필요한 짤주머니, 스크레이퍼, 슈거파우더 토핑을 위한 가루체를 미리 준비해 놓는다.

❸ 반죽 제조하는 방법

- 믹싱볼에 흰자와 설탕을 넣고 100%의 머랭을 제조한다.
- 체친 아몬드분말, 슈거파우더, 박력분을 머랭의 1/3에 넣고 고루 섞는다.
- 나머지 머랭을 넣고 주걱으로 반죽을 가르면서 살짝 섞어준다.

- 짤주머니를 이용해서 주어진 다쿠아즈 틀에 반죽을 채운다.
- 스크레이퍼나 스패출러를 이용해서 표면을 평평하게 긁어낸다.
- 슈거파우더를 뿌린 후에 굽는다.

❹ 굽기

- 오븐온도 : 185~195℃에서 15~20분간 굽는다.
- 오븐의 위치 등에 따라 온도차이가 있으므로, 일정시간이 경과하면 위치를 바꾸어 전체적으로 균일한 색이 나도록 한다.
- 제품이 오븐에서 나오면 냉각시킨 후 틀에서 빼낸 후 중간에 제조해 놓은 캐러멜크림을 충진하고 샌드해서 완성한다.

TIP*
- 머랭에 가루재료를 섞을 때 오래 섞지 않도록 주의하고 완성품의 갈라짐을 균일하게 유지한다. 제시된 조건인 표면 갈라짐은 머랭의 거품이 사그라들지 않도록 충분히 거품을 내도록 하며, 오버런되지 않도록 주의하고, 가루재료를 조금 모자란 듯하게 섞고 신속하게 패닝 후 굽기과정을 시행한다.

타르트(Tart)

얕은 원형틀에 반죽을 펴서 과일이나 크림을 채워 넣어 구운 과자의 일종으로 나라마다 반
죽이나 모양이 각기 다르다. 소형 타르트를 타르틀레트라고 한다.

배점
제조공정 55점
제품평가 45점

요구사항

※ 타르트를 제조하여 제출하시오.

❶ 배합표의 반죽용 재료를 계량하여 재료별로 진열하시오(5분).

- 재료계량(각 재료당 1분) → [감독위원 계량확인] → 작품제조 및 정리정돈(전체 시험시간-재료계량시간)
- 재료계량 시간 내에 계량을 완료하지 못하여 시간이 초과된 경우 및 계량을 잘못한 경우는 추가의 시간 부여 없이 작품제조 및 정리정돈 시간을 활용하여 요구사항의 무게대로 계량
- 달걀의 계량은 감독위원이 지정하는 개수로 계량(충전물, 토핑 등의 재료는 휴지시간을 활용하시오)

❷ 반죽은 크림법으로 제조하시오.

❸ 반죽온도는 20℃를 표준으로 하시오.

❹ 반죽은 냉장고에서 20~30분 정도 휴지를 주시오.

❺ 반죽은 두께 3mm 정도로 밀어 펴서 팬에 맞게 성형하시오.

❻ 아몬드크림을 제조해서 팬(Ø10~12cm) 용적의 60~70% 정도 충전하시오.

❼ 아몬드 슬라이스를 윗면에 고르게 장식하시오.

❽ 8개를 성형하시오.

❾ 광택제로 제품을 완성하시오.

배합표 작성

반죽

재료명	비율(%)	무게(g)
박력분	100	400
달걀	25	100
설탕	26	104
버터	40	160
소금	0.5	2
계	191.5	766

충전물

재료명	비율(%)	무게(g)
아몬드분말	100	250
설탕	90	226
버터	100	250
달걀	65	162
브랜디	12	30
계	367	918

광택제

재료명	비율(%)	무게(g)
애프리코트퐁당	100	150
물	40	60
계	140	210

토핑

재료명	비율(%)	무게(g)
아몬드 슬라이스	66.6	100

제조방법

❶ 재료 계량
- 재료를 담는 용기에 계량하여 무게를 측정하고, 재료별로 진열해 놓는다.
- 전 재료를 제한시간(5분) 내에 손실없이 정확히 계량하여 감점요인을 없앤다.

❷ 사전 준비
- 주어진 파이팬은 일반팬 위에 올리지 말고 파이팬만 이물질이 없도록 준비해 놓는다.
- 패닝 시 필요한 짤주머니, 스크레이퍼와 반죽휴지를 위한 비닐 등을 미리 준비해 놓는다.

❸ 반죽 제조하는 방법
- 반죽 믹싱볼에 가루재료와 설탕, 소금을 체를 쳐서 넣는다.
- 버터를 가루재료와 저단으로 고루 섞어준다.
- 달걀을 2~3회 나누어 넣으면서 반죽이 한 덩어리로 뭉칠 정도까지만 섞는다.
- 반죽이 한 덩어리가 되면 비닐에 싸서 냉장고에서 휴지한다.
- 가루재료를 완전히 섞기보다는 약간 부족한 듯 섞어놓으면 바삭한 식감이 증대되며 밀어 펴기 과정 중의 글루텐 형성을 고려함이 좋다.

❹ 충전물 만들기(반죽 휴지시간 활용)
- 반죽과 동일한 방법으로 버터와 설탕을 넣고 풀어서 고루 섞어준 후 아몬드분말과 리큐르(브랜디)를 넣고 충분히 섞어서 준비해 놓는다.
- 휴지시간이 완료된 반죽을 꺼내어 덧가루를 뿌리고 두께 3mm 정도로 고루 밀어 편 후 주어진 타르트틀에 반죽을 밀착시켜 넣는다.
- 이때 반죽이 찢어지지 않도록 충분한 휴지시간을 두고 냉각시키는 것이 필요하고, 너무 넓게 밀어 펴서 밀어 편 반죽이 손상되지 않도록 밀대에 말아서 틀에 밀착시켜 넣는다.
- 짤주머니를 사용해서 충전물을 70% 정도 채워넣는다.
- 채워진 충전물 위에 아몬드 슬라이스를 균형감 있게 뿌리고 상온에서 10분 정도 휴지를 시킨다.

❺ 굽기

- 오븐온도 : 175~185℃에서 30~35분간 굽는다.
- 오븐의 위치 등에 따라 온도차이가 있으므로, 일정시간이 경과하면 위치를 바꾸어 전체적으로 균일한 색이 나도록 한다.
- 굽는 시간 동안 광택제를 한번 끓여 놓는다.
- 구워져 나온 제품이 식기 전에 붓을 이용해 광택제를 얇게 바르고 완성한다.

TIP*
- 반죽의 휴지시간은 주어진 시험시간 내에서 최대한 시키는 것이 좋다. 이는 오븐에서 반죽이 기형적으로 수축되는 것을 방지한다.
- 또한 틀 안에 반죽을 밀어 펴서 넣을 때 수축되는 것을 감안하여 최대한 여유있게 반죽을 펴놓는 것이 좋다.
- 반죽을 깔아놓은 후 약간의 휴지시간을 두면 더욱 좋은 모양의 제품을 얻을 수 있다.

TIP**
- 충전물을 크림법으로 제조 시 너무 많은 기포를 포집하게 되면 타르트 틀 안의 충전물이 굽기과정 중 흘러넘치고 나중에 주저앉는 경우가 있으므로 과도하게 기포를 포집하지 않는다.

흑미롤케이크(Black Rice Roll Cake) – 공립법   제과기능사

흑미는 유색미의 일종으로, 겉이 검은색을 띠는 쌀로 검은쌀로도 불리며 겉은 검지만 속은
희다. 흑미의 속껍질에 풍부한 안토시아닌 색소는 혈관 건강에 좋은 성분이며 인슐린 저항
성을 개선해 혈당을 조절하는 데 효능이 있고 기미나 잡티를 만들어 내는 멜라닌을 만드는
효소를 억제하여 피부를 맑고 윤기 있게 하는 등 우리 몸에 좋은 영향을 준다.

요구사항

※ 흑미롤케이크(공립법)를 제조하여 제출하시오.

❶ 배합표의 각 재료를 계량하여 재료별로 진열하시오(7분).

- 재료계량(각 재료당 1분) → [감독위원 계량확인] → 작품제조 및 정리정돈(전체 시험시간-재료계량시간)
- 재료계량 시간 내에 계량을 완료하지 못하여 시간이 초과된 경우 및 계량을 잘못한 경우는 추가의 시간 부여 없이 작품제조 및 정리정돈 시간을 활용하여 요구사항의 무게대로 계량
- 달걀의 계량은 감독위원이 지정하는 개수로 계량

❷ 반죽은 공립법으로 제조하시오.

❸ 반죽온도는 25℃를 표준으로 하시오.

❹ 반죽의 비중을 측정하시오.

❺ 제시한 팬에 알맞도록 분할하시오.

❻ 반죽은 전량을 사용하여 성형하시오.(시트의 밑면이 윗면이 되게 정형하시오.)

배합표 작성

반죽

재료명	비율(%)	무게(g)
박력쌀가루	80	240
흑미쌀가루	20	60
설탕	100	300
달걀	155	465
소금	0.8	2.4(2)
베이킹파우더	0.8	2.4(2)
우유	60	180
계	416.6	1,249.8(1,249)

충전용 크림

재료명	비율(%)	무게(g)
생크림	60	150

※ 계량시간에서 제외

제조방법

❶ 재료 계량
- 재료를 담는 용기에 계량하여 무게를 측정하고, 재료별로 진열해놓는다.
- 전 재료를 제한시간(7분) 내에 손실 없이 정확히 계량하여 감점요인을 없앤다.

❷ 사전 준비
- 시험장에서 주어진 철판에 종이를 깔고 8∼9cm가량 4곳 모서리 부분을 가위로 자른다.
- 철판 틀 바닥과 옆면에 약간의 버터를 칠해서 종이를 준비해 놓으면 흐트러지지 않도록 준비한다.
- 사전에 중탕하기 위해서 가스레인지에 물을 미리 준비한다.
- 오븐에 전원을 미리 확인하여 180/160℃로 설정한다.

❸ 반죽 제조하는 방법
- 달걀노른자, 설탕, 소금을 믹싱볼에 넣고 잘 섞어서 준비한다.
- 43℃로 중탕한 달걀, 설탕, 소금을 거품 낸다.
- 달걀거품은 휘퍼가 지나간 자국이 뚜렷이 남는 수준까지 충분히 휘핑하고 이후 중간속도로 거품을 1∼2분간 정리해 준다.
- 체친 박력쌀가루, 흑미쌀가루, 베이킹파우더를 고루 섞어준다.
- 마지막에 우유에 반죽 일부를 붓고 섞어준 후 나머지 반죽과 고루 섞어준다.
- 완성된 반죽은 패닝 준비가 준비된 철판에 전부 패닝한다.
- 반죽온도 25℃로 유지할 것, 비중은 약 0.45∼0.55

> **TIP***
> - 패닝을 준비하는 동안 종이는 미리 준비해 놓아야 반죽이 완성되었을 경우 반죽의 거품이 꺼지지 않고 굽기과정을 진행할 수가 있고, 그에 따른 거품의 유지에 따라 완성제품의 부피에 이점이 있다.
> - 오븐에서 구워져 나온 제품은 완전히 식기 전에 말아주어야 표면 갈라짐이 덜하다. 완성품의 경우 말아 올린 원형기둥의 두께가 고르게 유지 되어야 하며 생크림이 밖으로 흐르지 않도록 한다.

❹ 패닝

- 철판에 미리 준비한 종이에 반죽을 붓는다.
- 철판에 반죽을 담고, 고무주걱이나 스크레이퍼로 윗부분 평탄작업을 하면서 큰 기포를 제거한다.
- 팬에 반죽을 부어 고무 주걱으로 바닥을 치며 반죽을 모서리 쪽으로 옮겨주며 윗면을 평평하게 정리해 준다.

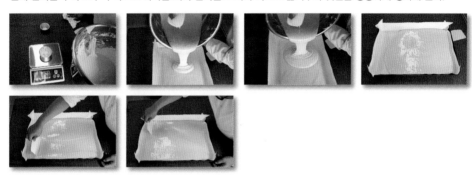

❺ 굽기

- 미리 설정한 오븐 온도(윗불 180℃, 아랫불 160℃)를 확인한 후 오븐에 철판을 넣고 굽는다.
- 오븐의 위치에 따라 온도의 차이가 있으므로 일정한 시간이 경과 하면 위치를 바꾸어 전체적으로 균일한 색이 나도록 한다.
- 타공팬에 냉각이 덜 진행된 상태에서 생크림을 마른 후 말아서 완성한다.

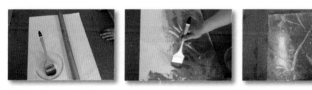

❻ 생크림 휘핑하기

- 흑미롤케이크 시트를 식히는 동안 생크림을 거품기로 휘핑한다.
- 유산지에 식용유를 앞, 뒤로 바른다.

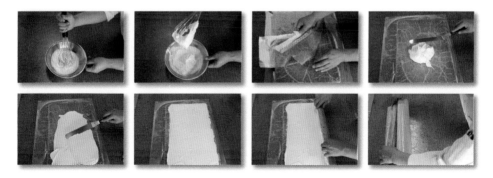

시퐁 케이크(Chiffon Cake)–시퐁법

제과기능사

프랑스어로 '비단'이라는 뜻으로 우아하고 미묘한 맛. 시퐁이란 프랑스 부인복에 장식용으로 사용하는 아름다운 옷감의 명칭. 미국의 가정에서 흔히 구워 먹는 케이크인데 밀가루와 물, 달걀, 식용유만 있으면 누구나 쉽게 만들 수 있는 제품

요구사항

※ 시퐁 케이크(시퐁법)를 제조하여 제출하시오.

❶ 배합표의 각 재료를 계량하여 재료별로 진열하시오(8분).

- 재료계량(각 재료당 1분) → [감독위원 계량확인] → 작품제조 및 정리정돈(전체 시험시간-재료계량시간)
- 재료계량 시간 내에 계량을 완료하지 못하여 시간이 초과된 경우 및 계량을 잘못한 경우는 추가의 시간 부여 없이 작품제조 및 정리정돈 시간을 활용하여 요구사항의 무게대로 계량
- 달걀의 계량은 감독위원이 지정하는 개수로 계량

❷ 반죽은 시퐁법으로 제조하고 비중을 측정하시오.

❸ 반죽온도는 23℃를 표준으로 하시오.

❹ 시퐁팬을 사용하여 반죽을 분할하고 구우시오.

❺ 반죽은 전량을 사용하여 성형하시오.

배합표 작성

재료명	비율(%)	무게(g)
박력분	100	400
설탕(A)	65	260
설탕(B)	65	260
달걀	150	600
소금	1.5	6
베이킹파우더	2.5	10
식용유	40	160
물	30	120
계	454	1,816

❶ 재료 계량

- 재료를 담는 용기에 계량하여 무게를 측정하고, 재료별로 진열해 놓는다.
- 전 재료를 제한시간(8분) 내에 손실없이 정확히 계량하여 감점요인을 없앤다.

❷ 사전 준비

- 시퐁틀을 결합하고 분무기로 흘러내리지 않을 정도로 고루 물을 뿌려둔다.

❸ 반죽 제조하는 방법

- 노른자를 우선 풀어 놓고 설탕, 소금, 오렌지향을 넣고 거품이 일지 않도록 잘 섞어준 후 식용유를 혼합해 놓는다.
- 체친 박력분, BP를 반죽에 가볍게 혼합하고, 물을 조금씩 넣어가며 부드러운 상태의 반죽을 만들어 놓는다.
- 흰자에 주석산을 넣고 설탕을 조금씩 부어가며 휘핑한다.
- 약 80~90%의 머랭을 제조한 후 1/3의 머랭을 반죽에 고루 섞고 나머지 머랭을 거품이 사그라지지 않도록 주의하며 주걱으로 가르듯이 섞어준다.
- 반죽온도 22℃로 유지할 것. 비중은 약 0.45±0.05

❹ 패닝

- 분무기로 물을 뿌린 시퐁팬에 틀높이의 약 65~70% 정도만 패닝한다.
- 기포가 들어가지 않도록 바닥부터 주의깊게 패닝한다.
- 시퐁법으로 제조한 반죽으로 기포 형성이 주의점이므로 패닝 후 충격을 주기보다는 얇은 주걱 등으로 표면만 살짝 정리한다.

❺ 굽기

- 오븐온도 : 170~180℃에서 30~35분간 굽는다.
- 오븐의 위치 등에 따라 온도차이가 있으므로 감안하여 굽는다.
- 구워져 나온 시퐁팬을 뒤집어서 식힌다.

❻ 틀에서 꺼내기

- 충분히 식은 시퐁팬을 뒤집어 가장자리를 눌러준다.
- 바깥틀과 제품을 분리한다.
- 안쪽 틀과 제품 사이에 스패츌러나 칼을 이용해 분리해 주는데 이 부분이 윗면이 되므로 안쪽 틀 면을 긁어주는 느낌으로 매끄럽게 분리하는 것이 중요하다.
- 안쪽 틀과 제품을 살짝 내리쳐서 분리한다.

> **TIP***
> - 패닝 전 분무기로 물을 뿌려주는 이유는 반죽과 틀 사이에 틈을 만들어 굽기과정 후 틀에서 빼내기 쉽게 하기 위함이다.

마데라컵 케이크(Madeira Cup Cake)

마데라 와인을 토핑했다고 해서 붙여진 이름으로 컵의 용량에 적절하게 패닝해야 넘치지 않
는다.

요구사항

※ **마데라컵 케이크를 제조하여 제출하시오.**

❶ 배합표의 각 재료를 계량하여 재료별로 진열하시오(9분).

- 재료계량(각 재료당 1분) → [감독위원 계량확인] → 작품제조 및 정리정돈(전체 시험시간-재료계량시간)
- 재료계량 시간 내에 계량을 완료하지 못하여 시간이 초과된 경우 및 계량을 잘못한 경우는 추가의 시간 부여 없이 작품제조 및 정리정돈 시간을 활용하여 요구사항의 무게대로 계량
- 달걀의 계량은 감독위원이 지정하는 개수로 계량

❷ 반죽은 크림법으로 제조하시오.

❸ 반죽온도는 24℃를 기준으로 하시오.

❹ 반죽분할은 주어진 팬에 알맞은 양을 패닝하시오.

❺ 적포도주 퐁당을 1회 바르시오.

❻ 반죽은 전량을 사용하여 성형하시오.

※ 감독위원은 시험 전 주어진 팬을 감안하여 팬의 개수를 지정하여 공지한다.

배합표 작성

반죽

재료명	비율(%)	무게(g)
박력분	100	400
버터	85	340
설탕	80	320
소금	1	4
달걀	85	340
베이킹파우더	2.5	10
건포도	25	100
호두	10	40
적포도주	30	120
계	418.5	1,674

충전물

재료명	비율(%)	무게(g)
분당	20	80
적포도주	5	20

※ 계량시간에서 제외

제조방법

❶ 재료 계량
- 재료를 담는 용기에 계량하여 무게를 측정하고, 재료별로 진열해 놓는다.
- 전 재료를 제한시간(9분) 내에 손실없이 정확히 계량하여 감점요인을 없앤다.

❷ 사전 준비
- 적포도주 퐁당은 분당과 적포도주를 계량하여 섞어 놓는다.
- 건포도는 전처리를 위해 물에 담갔다가 꺼내어 호두와 같이 준비해 놓는다.

❸ 반죽 제조하는 방법
- 믹싱볼에 우선 버터를 넣고 거품기로 부드럽게 해준다.
- 설탕, 소금을 넣고 크림화시킨다.
- 달걀을 2~3회 나누어 넣으면서 크림화를 유지한다.
- 체친 박력분, 베이킹파우더를 넣고 살짝 섞은 다음 적포도주를 넣어 반죽을 완성한다.
- 호두분태와 건포도를 약간의 별도 밀가루에 넣고 버무린 후 크림화한 반죽에 넣고 고루 섞는다.
- 주어진 컵케이크의 틀에 유산지나 베이킹컵을 깔고 짤주머니를 이용해서 80% 정도까지 패닝한다.
- 반죽온도 24℃로 유지할 것

❹ 굽기

- 오븐온도 : 180℃에서 15분 정도 굽는다.

- 굽는 중간에 껍질색이 조금 나서 굳으면 오븐에서 제품을 꺼낸다.

- 꺼낸 제품에 포도주시럽을 표면에 고루 바르고 다시 굽는다.

- 많이 바르지 않고 고루 바르는 것이 중요하다.

- 퐁당을 바른 후 표면을 눌러봐서 탄성이 느껴질 때까지 20분 정도 더 굽는다.

- 오븐의 위치 등에 따라 온도차이가 있으므로, 감안하여 팬의 방향을 돌리거나 이동하는 방법을 사용해 전체적으로 균일한 색이 나도록 한다.

TIP*
- 크림법의 대표적인 방법으로 달걀과 버터가 분리되지 않도록 달걀을 조금씩 나누어 자주 넣는다.

TIP**
- 와인 토핑을 할 경우 약간의 온기가 남아 있는 상태에서 토핑해야 광택과 흘러내림이 자연스럽다.

버터쿠키(Butter Cookies)

제과기능사

한입에 먹을 수 있는 대표적인 과자가 쿠키이다. 쿠키의 어원은 네덜란드의 쿠오퀘에서 따온 것으로 작은 케이크라는 뜻이다. 쿠키는 미국식 호칭이며, 영국에서는 비스킷, 프랑스에서는 사블레, 우리나라에서는 건과자라고 한다. 쿠키는 재료나 만드는 방법에 따라 종류가 다양하다. 미국식의 기본적으로 만드는 방법으로는 버터나 쇼트닝에 설탕을 넣고 저어서 크림 모양으로 만든 다음, 달걀을 넣고 다시 잘 저어 베이킹파우더, 향료, 밀가루를 섞어서 반죽한 뒤 얇게 밀어 쿠키커터로 찍어서 오븐에 구워낸다. 빵반죽에 따라 철판 위에 튜브로 짜내거나, 스푼으로 떠놓거나(드롭쿠키), 냉장고에 넣어 굳혔다가 얇게 썰어서 굽거나(아이스박스 쿠키 또는 냉동쿠키) 한다.

요구사항

※ 버터쿠키를 제조하여 제출하시오.

❶ 배합표의 각 재료를 계량하여 재료별로 진열하시오(6분).

- 재료계량(각 재료당 1분) → [감독위원 계량확인] → 작품제조 및 정리정돈(전체 시험시간-재료계량시간)
- 재료계량 시간 내에 계량을 완료하지 못하여 시간이 초과된 경우 및 계량을 잘못한 경우는 추가의 시간 부여 없이 작품제조 및 정리정돈 시간을 활용하여 요구사항의 무게대로 계량
- 달걀의 계량은 감독위원이 지정하는 개수로 계량

❷ 반죽은 크림법으로 수작업하시오.

❸ 반죽온도는 22℃를 표준으로 하시오.

❹ 별모양깍지를 끼운 짤주머니를 사용하여 2가지 모양짜기를 하시오(8자, 장미모양).

❺ 반죽은 전량을 사용하여 성형하시오.

배합표 작성

재료명	비율(%)	무게(g)
박력분	100	400
버터	70	280
설탕	50	200
소금	1	4
달걀	30	120
바닐라향	0.5	2
계	251.5	1,006

제조방법

❶ 재료 계량
- 재료를 담는 용기에 계량하여 무게를 측정하고, 재료별로 진열해 놓는다.
- 전 재료를 제한시간(6분) 내에 손실없이 정확히 계량하여 감점요인을 없앤다.

❷ 반죽 제조하는 방법
- 믹싱볼에 버터, 설탕, 소금을 넣고 손거품기로 부드럽게 크림상태로 만든다.
- 달걀을 조금씩 나누어 넣으면서 부드러운 크림상태의 반죽을 제조한다.
- 체에 친 박력분과 바닐라향을 반죽에 넣고 주걱을 사용하여 가볍게 혼합한다.
- 짤주머니에 별모양의 깍지를 이용해서 반죽을 채워 감독위원이 지시한 대로 2가지 이상의 모양으로 짜놓는다.
- 이때 모양과 간격을 일정하게 해야 구어져 나왔을 때 완성도가 높다.
- 짜놓은 쿠키를 바로 굽기보다는 상온에서 표면건조를 시킨 뒤에 굽는다.

❸ 굽기

- 오븐온도 : 밑불 160℃, 윗불 190℃ 정도에서 15~20분간 굽는다.
- 오븐의 위치 등에 따라 온도차이가 있으므로, 일정시간이 경과하면 위치를 바꾸어 전체적으로 균일한 색이 나도록 한다.

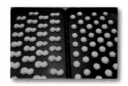

TIP*

- 크림화시키는 과정에서 달걀의 분할투입을 고려하여 분리되지 않도록 하는 것이 주의사항이다. 오븐의 온도가 낮으면 제품의 결이 살지 않고 다소 무뎌지게 되므로 오븐온도의 설정에 유의한다.

TIP**

- 크림화를 과하게 할 경우 오븐 안에서 모양이 주저앉는 현상이 생기고 모자라게 할 경우 짜는 과정이 힘들 수 있으므로 많은 연습이 필요하다.

치즈 케이크(Cheese Cake)

제과기능사

치즈를 가공하여 제조하는 케이크는 제조방법에 따라 일반적으로 세 가지 정도로 알려져 있다. 첫 번째는 뉴욕치즈케이크(NY Cheese Cake)로 원래 뉴욕에서 치즈케이크가 생겨난 것은 아니지만 현재 대중화되어 사용되는 크림치즈의 형태가 뉴욕 지역에서 개발되었고, 두 번째로 티라미수케이크(Tiramisu Cake)로 달걀과 마스카포네치즈를 섞어 만든 반죽을 스펀지 사이에 층을 두고 켜켜이 쌓아올린 이탈리아의 대표 디저트이며, 마지막으로 기능사 품목에 있는 수플레 치즈케이크(Souffle Cheese Cake)로 프랑스어로 부풀린 치즈케이크라는 의미를 가진 케이크이다.

요구사항

※ 치즈 케이크를 제조하여 제출하시오.

❶ 배합표의 각 재료를 계량하여 재료별로 진열하시오(9분).

- 재료계량(각 재료당 1분) → [감독위원 계량확인] → 작품제조 및 정리정돈(전체 시험시간-재료계량시간)
- 재료계량 시간 내에 계량을 완료하지 못하여 시간이 초과된 경우 및 계량을 잘못한 경우는 추가의 시간 부여 없이 작품제조 및 정리정돈 시간을 활용하여 요구사항의 무게대로 계량
- 달걀의 계량은 감독위원이 지정하는 개수로 계량

❷ 반죽은 별립법으로 제조하시오.

❸ 반죽온도는 20℃를 표준으로 하시오.

❹ 반죽의 비중을 측정하시오.

❺ 제시한 팬에 알맞도록 분할하시오.

❻ 굽기는 중탕으로 하시오.

❼ 반죽은 전량 사용하시오.

※ 감독위원은 시험 전 주어진 팬을 감안하여 팬의 개수를 지정하여 공지한다.

배합표 작성

재료명	비율(%)	무게(g)
중력분	100	80
버터	100	80
설탕(A)	100	80
설탕(B)	100	80
달걀	300	240
크림치즈	500	400
우유	162.5	130
럼주	12.5	10
레몬주스	25	20
계	1,400	1,120

제조방법

❶ 재료 계량
- 재료를 담는 용기에 계량하여 무게를 측정하고, 재료별로 진열해 놓는다.
- 전 재료를 제한시간(9분) 내에 손실없이 정확히 계량하여 감점요인을 없앤다.

❷ 패닝 준비
- 푸딩컵의 수분을 제거한 후 손가락으로 버터나 쇼트닝을 얇게 바른다.
- 발라진 푸딩컵에 설탕을 넣고 돌려가며 고루 묻힌다.
- 나머지 설탕을 쏟아내고 중탕준비를 해 놓는다.

❸ 반죽 제조하는 방법
- 달걀을 흰자와 노른자로 분리하고 가루재료는 체를 쳐 놓는다.
- 크림치즈를 상온에서 부드럽게 풀어준 후 버터를 넣고 다시 부드럽게 풀어준다.
- 반죽에 설탕을 넣고 서서히 풀어준다.
- 반죽에 노른자를 넣고 서서히 풀어준다. 이때 거품이 나지 않도록 유의한다.
- 나머지 액체재료를 넣고 고루 섞는다.
- 머랭반죽 : 기름기와 수분을 제거한 믹싱볼에 흰자를 넣고 60% 정도까지 휘핑한다.
- 설탕을 1/2 정도 넣고, 중간피크 정도(80~90%)까지 휘핑한 후, 나머지 설탕을 넣고 머랭반죽을 만든다(약 90% 휘핑).
- 제조된 크림반죽에 머랭반죽 1/3을 넣고 잘 섞는다.
- 체질한 가루재료를 넣고 혼합한 후 나머지 머랭을 거품이 꺼지지 않도록 가볍게 섞는다.
- 반죽온도 22℃로 유지할 것. 비중은 약 0.45±0.05

❹ 패닝

- 주어진 푸딩컵의 내부에 짤주머니에 담은 반죽을 90% 정도 짠다.

- 팬 위에 균일한 간격으로 올려놓고 오븐에 넣고 팬에 물을 1/3 정도 붓고 중탕으로 굽는다.

❺ 굽기

- 오븐온도 : 180℃에서 45분간 굽는다.

- 구워진 케이크를 한 김 식힌 후 뒤집어 꺼낸다.

❻ 비중재기

- 비중 = 같은 용적의 반죽무게/같은 용적의 물의 무게

- 비중컵을 준비한 후 비중컵의 무게를 측정한다.

- 비중컵의 윗면에 수평이 되도록 물을 가득 채우고 무게 측정 후 물을 쏟아낸다.

- 비중컵의 윗면에 수평이 되도록 반죽을 가득 채우고 무게 측정 후 위의 공식에 따라 계산해 준 값이 비중

TIP*

- 패닝은 미리 준비해 놓아야 반죽이 완성되었을 경우 반죽의 거품이 꺼지지 않고 패닝 후 굽기과정을 재빨리 진행할 수 있고, 그에 따라 제품의 부피에 이점이 있다.

- 완성품의 경우 많이 부풀어 오른 상태이기 때문에 시간이 허용되는 범위에서 식히고 틀에서 꺼낸다.

호두파이(Walnut Pie)

서양에서 파이의 역사는 1600년대까지 거슬러 올라간다. 영국을 중심으로 프랑스, 독일 등에서 처음 만들어 먹었다. 이때는 밀가루에 유지류를 섞어 반죽한 것에 육류, 생선류, 과일류, 야채류 등을 싸서 구워낸 것으로 주식처럼 애용되다가 차츰 과자류로 변하면서 디저트용으로 변했다. 이를 응용하여 넛류를 충전물로 이용해서 제조한 제품이다.

요구사항

※ 호두파이를 제조하여 제출하시오.

❶ 껍질 재료를 계량하여 재료별로 진열하시오(7분).

- 재료계량(각 재료당 1분) → [감독위원 계량확인] → 작품제조 및 정리정돈(전체 시험시간-재료계량시간)
- 재료계량 시간 내에 계량을 완료하지 못하여 시간이 초과된 경우 및 계량을 잘못한 경우는 추가의 시간 부여 없이 작품제조 및 정리정돈 시간을 활용하여 요구사항의 무게대로 계량
- 달걀의 계량은 감독위원이 지정하는 개수로 계량

❷ 껍질에 결이 있는 제품으로 손반죽으로 제조하시오.

❸ 껍질 휴지는 냉장온도에서 실시하시오.

❹ 충전물은 개인별로 각자 제조하시오(호두는 구워서 사용).

❺ 구운 후 충전물의 층이 선명하도록 제조하시오.

❻ 제시한 팬 7개에 맞는 껍질을 제조하시오(팬 크기가 다를 경우 크기에 따라 가감).

❼ 반죽은 전량을 사용하여 성형하시오.

배합표 작성

껍질

재료명	비율(%)	무게(g)
중력분	100	400
노른자	10	40
소금	1.5	6
설탕	3	12
생크림	12	48
버터	40	160
물	25	100
계	191.5	766

충전물

재료명	비율(%)	무게(g)
호두	100	250
설탕	100	250
물엿	100	250
계핏가루	1	2.5(2)
물	40	100
달걀	240	600
계	581	1,452.5(1,452)

※ 계량시간에서 제외

제조방법

❶ 재료 계량
- 재료를 담는 용기에 계량하여 무게를 측정하고, 재료별로 진열해 놓는다.
- 전 재료를 제한시간(7분) 내에 손실없이 정확히 계량하여 감점요인을 없앤다.

❷ 반죽 제조하는 방법
- 중력분, 소금, 설탕을 체친 후 버터를 가루재료 위에 올려놓고 양손의 스크레이퍼를 활용해서 잘게 다진다.
- 가루 속에서 잘게 다져진 쇼트닝이 가루재료에 충분히 피복되도록 섞는다.
- 가운데 홈을 파고 물을 나누어 넣으면서 수분이 고루 배도록 잘 혼합한다.
- 한 덩어리로 뭉쳐지면, 비닐에 싸서 냉장고에서 약 30분 정도 휴지시킨다.

❸ 충전물 만들기
- 모든 재료를 넣고 고루 섞은 후 중탕한다. 단 주의할 점은 계핏가루를 설탕과 고루 섞은 후 다른 재료와 섞는 것이다. 그렇지 않을 경우 계핏가루가 뭉치는 경우가 발생하므로 주의한다.
- 중탕한 충전물을 체에 한 번 거른다.
- 충전물을 체에 거르는 이유는 덩어리를 방지하고 거품을 제거하기 위한 것으로 실시하는 것이 좋으며 체에 거를 수 없을 경우 종이를 표면에 적셔 거품을 제거해야 한다.
- 충전물이 완성되면 찬물에 중탕으로 식힌다.
- 충전물이 완전히 식으면 휴지를 준 반죽을 꺼내어 덧가루를 뿌리고, 약 0.5cm의 두께로 일정하게 밀어 펴서 파이 팬의 바닥에 고루 편다.
- 충전물을 80% 정도 채운다.
- 구워놓은 호두를 표면에 빈틈없이 고루 펼쳐서 채운다.

❹ 굽기

- 오븐온도 : 180℃에서 약 35~40분간 굽는다.
- 오븐의 위치 등에 따라 온도차이가 있으므로, 일정시간이 경과하면 위치를 바꾸어 전체적으로 균일한 색이 나도록 한다.

TIP*

• 충전물에 수분이 많기 때문에 크러스트, 특히 바닥은 색깔이 충분히 날 때까지 구워야 모양이 흐트러지지 않는다. 또한 껍질이 너무 얇은 경우 충전물이 배어나와 파이팬에서 분리되지 않으므로 약간의 두께감이 필요하다.

시험시간
1시간 50분

초코롤 케이크(Choco Roll Cake)

제과기능사

공립법 반죽에 코코아파우더를 넣은 케이크로 속색이 검은색을 띠고 있다. 초콜릿 케이크의
한 형태로 일반 롤 케이크와 구분되는 점은 코코아파우더가 가진 지방성분이므로 이를 고려
하여 거품을 내도록 한다.

238 최신 제과제빵기능사 실기

요구사항

※ 초코롤 케이크를 제조하여 제출하시오.

❶ 배합표의 각 재료를 계량하여 재료별로 진열하시오(7분).

- 재료계량(각 재료당 1분) → [감독위원 계량확인] → 작품제조 및 정리정돈(전체 시험시간-재료계량시간)
- 재료계량 시간 내에 계량을 완료하지 못하여 시간이 초과된 경우 및 계량을 잘못한 경우는 추가의 시간 부여 없이 작품제조 및 정리정돈 시간을 활용하여 요구사항의 무게대로 계량
- 달걀의 계량은 감독위원이 지정하는 개수로 계량

❷ 반죽은 공립법으로 제조하시오.

❸ 반죽온도는 24℃를 표준으로 하시오.

❹ 반죽의 비중을 측정하시오.

❺ 제시한 철판에 알맞도록 패닝하시오.

❻ 반죽은 전량을 사용하시오.

❼ 충전용 재료는 가나슈를 만들어 제품에 전량 사용하시오.

❽ 시트를 구운 윗면에 가나슈를 바르고, 원형이 잘 유지되도록 말아 제품을 완성하시오(반대 방향으로 롤을 말면 성형 및 제품평가 해당항목 감점).

배합표 작성

반죽

재료명	비율(%)	무게(g)
박력분	100	168
달걀	285	480
설탕	128	216
코코아파우더	21	36
베이킹소다	1	2
물	7	12
우유	17	30
계	559	944

충전물

재료명	비율(%)	무게(g)
다크커버처	119	200
생크림	119	200
럼	12	20

※ 계량시간에서 제외

제조방법

❶ 재료 계량
- 재료를 담는 용기에 계량하여 무게를 측정하고, 재료별로 진열해 놓는다.
- 전 재료를 제한시간(7분) 내에 손실없이 정확히 계량하여 감점요인을 없앤다.

❷ 사전준비
- 롤 케이크 반죽을 구울 패닝을 먼저 준비해 놓는다. 종이를 재단하여 주어진 롤 케이크 틀에 맞추어 팬에 맞게 깔아 놓는다.
- 잉여의 버터를 옆면과 바닥면에 바르면 종이가 밀착되어 모양이 흐트러지지 않는다.

❸ 반죽 제조하는 방법
- 믹서기로 달걀을 충분히 풀어준 후 설탕을 2~3회 나누어 넣으면서 충분히 거품을 낸다.
- 체친 박력분과 BP, 코코아파우더를 고루 섞어준다.
- 마지막에 반죽을 약간 덜어서 우유와 신속하게 고루 섞어준 후 본반죽과 고루 섞고 패닝한다.
- 반죽온도 22℃로 유지할 것. 비중은 약 0.50±0.05

❹ 패닝
- 종이를 미리 깔아놓은 팬에 반죽을 담고, 고무주걱으로 윗면의 평탄작업을 한 후 큰 기포를 제거한다.
- 평탄작업은 4각 귀퉁이부터 반죽을 채우고 이후 스크레이퍼의 넓은 면을 사용해서 2~3회만 한다.

 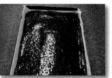

❺ 굽기

- 오븐온도 : 180~190℃에서 20~25분간 굽는다.
- 오븐의 위치 등에 따라 온도차이가 있으므로, 일정시간이 경과하면 위치를 바꾸어 전체적으로 고루 열이 가해지도록 한다.
- 코코아파우더의 첨가로 오븐에서의 반죽색 구분이 어려울 수 있으니 시간 및 반죽의 상태를 유심히 관찰하여 태우는 일이 없도록 한다.
- 냉각이 덜 진행된 상태에서 제조한 초콜릿크림을 균일하게 바르고, 밀대와 면포를 이용해 말아서 완성한다.

❻ 충전용 재료 제조하는 방법

- 다크초콜릿은 잘게 칼로 썰어 중탕으로 완전히 용해시킨다. 단, 너무 고온일 경우 생크림과의 혼합 시 액상상태로 변해버릴 수 있으니 미지근한 정도로만 중탕용해한다.
- 생크림을 50% 정도 휘핑한 후 용해된 초콜릿과 럼을 서서히 넣으면서 거품을 낸다.
- 기온이 낮아 굳어버렸을 경우 3분 정도 중탕으로 용해시킨 후 다시 휘핑하면 원상태로 돌아온다. 그러나 사용 직전 제조해서 사용하는 것이 좋다.

❼ 비중재기

- 비중 = 같은 용적의 반죽무게/같은 용적의 물의 무게
- 비중컵을 준비한 후 비중컵의 무게를 측정한다.
- 비중컵의 윗면에 수평이 되도록 물을 가득 채우고 무게 측정 후 물을 쏟아낸다.
- 비중컵의 윗면에 수평이 되도록 반죽을 가득 채우고 무게 측정 후 위의 공식에 따라 계산해 준 값이 비중

> TIP*
> - 패닝에 사용할 종이는 미리 준비해 놓아야 반죽이 완성되었을 경우 반죽의 거품이 꺼지지 않고 패닝 후 굽기과정을 빨리 진행할 수 있고, 그에 따라 제품의 부피에 이점이 있다.
> - 완성품의 경우 말아올린 원형기둥의 두께가 고르게 유지되어야 하고, 크림이 밖으로 흐르지 않도록 적당히 바른다.

CHAPTER

4

카페베이커리 품목

크랜베리 피스타치오 스콘

Cranberry Pistachio Scone

제조방법

❶ 믹싱볼에 생크림, 달걀을 뺀 나머지 재료를 넣고 블렌딩법으로 반죽을 믹싱한다.

❷ 충분히 믹싱하여 중력분 가루가 버터를 피복하도록 한다.

❸ 생크림, 달걀을 넣고 반죽이 살짝 뭉쳐지면 크랜베리, 블루베리를 넣어 마무리한다.

❹ 충분한 냉장 휴지를 거친 반죽을 두께 1cm 정도로 밀어 펴서 다양한 모양의 쿠키커터를 활용하여 성형한다.

❺ 스콘을 커팅, 몰드 성형 패닝 후 달걀 노른자를 체에 걸러 스콘 윗부분에 2번 칠한다.

❻ 윗불 220℃, 아랫불 200℃에서 15분간 충분한 색이 날 때까지 굽는다.

배합표 작성

반죽

중력분 650g, 설탕 150g, 버터 225g, 베이킹파우더 28g, 소금 8g, 생크림 150g, 달걀 4개,
바닐라에센스 4g, 레몬 제스트 10g, 건조 크랜베리 48g, 피스타치오 16g

TIP
- 반죽에 충전물 믹싱 시 최종단계에서 손으로 잘 섞는다.
- 건조 크랜베리 재료는 럼에 절이거나, 따뜻한 물에 살짝 담가 전처리 후에 사용한다.
- 형태를 잘 유지하기 위해 반죽을 충분하게 휴지한 후 굽는다.

핑크로즈 마카롱

Pink Rose Macaron

제조방법

❶ 아몬드파우더, 슈거파우더를 체친 후 달걀 흰자, 노른자를 분리한다.

❷ 설탕에 물을 적신 후 냄비에 넣고 118℃까지 끓인 후 50% 휘핑한 흰자에 시럽을 넣으면서 충분히 휘 핑한다.

❸ 설탕청을 천천히 덩어리지지 않도록 달걀흰자 머랭을 단단해질까지 충분히 휘핑한다.

❹ 달걀흰자 믹싱 후 1/3 정도 흰자 덜고 체친 가루에 넣어 섞어준다.

❺ ④에 나머지 머랭을 넣고 핑크색소를 넣고 마무리한다.

❻ 실리콘페이퍼에 핑크로즈 마카롱을 5cm 정도 원형 모양으로 일정한 간격으로 짠다.

❼ 1시간 정도 상온에서 건조 후 160℃ 오븐에서 15분 정도 굽는다.

필링

❶ 생크림 끓인 후 35℃까지 식힌다.

❷ 생크림과 중탕한 화이트 초콜릿 가나슈에 로즈시럽을 넣고 충분히 휴지시킨다.

배합표 작성

반죽
아몬드파우더 250g, 슈거파우더 250g, 달걀흰자 100g, 설탕 250g, 물 50g, 화이트 초콜릿 76g, 생크림 86g, 색소 4g

필링
화이트 초콜릿 76g, 생크림 86g, 핑크로즈시럽 14g

TIP
- 마카롱 반죽을 짜고 습도가 낮은 곳에서 말린 후 구워내면 광택이 좋다.
- 흰자를 처음부터 고속믹싱하면 거품이 쉽게 꺼진다. 중속으로 흰자거품을 만들면 단단한 머랭을 만들 수 있다.

쿠키 슈(밀크, 다크)

Cookie Choux

❶ 냄비에 물, 버터, 소금을 같이 넣고 끓인다.

❷ 체친 가루를 끓는 물에 넣고 불에서 내려, 반죽이 호화되도록 충분히 섞어준다.

❸ 반죽을 호화시키기 위해 약불에 올려 반투명상태가 될 때까지 주걱으로 고루 섞어준다.

❹ 불에서 내려 주걱으로 반죽의 열기를 한 김 식힌 후 달걀을 나누어 섞어준다.

❺ 반죽를 짤주머니에 넣고 동전 모양으로 짠 후 윗부분에 비스킷 껍질을 덮는다.

❻ 슈 전체에 물을 뿌린 후 오븐 윗불 230℃, 아랫불 210℃에서 25분간 굽는다.

비스킷 껍질

❶ 버터와 설탕을 넣고 잘 풀어준 후 체친 가루재료를 넣고 얇게 편 후 쿠키커터로 성형 후 냉장 휴지

배합표 작성

반죽
중력분 130g, 달걀 270g, 버터 128g, 소금 2g, 우유 110g, 물 50g

필링
우유 98g, 커스터드파우더 52g, 생크림 60g, 다크초콜릿 16g, 바닐라빈 10g

비스킷껍질
설탕 120g, 버터 110g, 중력분 120g, 코코아파우더 16g

TIP

• 끓는 물에 밀가루 반죽을 호화한다고 가스 불 위에서 호화시키면 반죽이 익는다.

• 초콜릿 사용 시 반죽의 8% 정도로 초콜릿 슈를 만든다.

• 달걀은 반죽에 매끄럽게 풀어 여러 번에 나누어 넣는다.

• 슈크림 충전물 충전 슈 반죽에 구멍을 넣고 안쪽으로 충분히 밀어서 크림을 넣는다.

큐빅 스펀지 케이크

Cubic Sponge Cake

❶ 가루재료를 체친다.

❷ 버터, 물, 가루재료를 뺀 나머지 재료를 믹싱 후 물을 첨가한다.

❸ 반죽 90% 믹싱 후 녹인 버터를 살짝 섞은 후 마무리한다.

❹ 오븐온도 윗불 180℃, 아랫불 170℃에서 35분간 굽는다.

❺ 스펀지 냉각 후 사각 큐브 모양으로 자른다.

❻ 필링을 이용하여 층을 만들어 케이크 주변에 생크림 바르고 큐브 모양의 스펀지 장식을 한다.

❼ 장식된 케이크에 파우더를 뿌려 마무리한다.

배합표 작성

반죽
중력분 300g, 설탕 330g, 베이킹파우더 4g, 소금 2g, 유화제 12g, 물 96g, 달걀 700g, 버터 120g

필링
크림치즈 200g, 생크림 50g, 연유 20g, 바닐라빈 1/2개

토핑
코코아파우더 10g, 슈거파우더 4g, 초콜릿 장식 조금

TIP
• 스펀지 큐브는 미리 잘라놓으면 건조되어 부서지므로 서브 이전에 스펀지를 붙여서 사용한다.

딥 블랙 쿠키

Deep Black Cookie

❶ 다크초콜릿을 중탕으로 미리 준비해서 녹인다.

❷ 버터, 설탕을 충분히 크림화 후 달걀을 천천히 넣으면서 크림화시킨 후 체친 가루재료를 넣고 섞어준다.

❸ ②에 ①을 넣고 섞어 휴지 후 60g 계량 후 굽는다.

❹ 쿠키 윗부분에 호두 크런치와 마시멜로 조각을 올린 후 200℃에서 15분간 굽기

❺ 쿠키가 식으면 한쪽에 부분적으로 초콜릿을 찍고 하겔슈거를 장식한다.

배합표 작성

반죽
버터 300g, 설탕 400g, 소금 4g, 달걀 125g, 중력분 445g, 호두분태 84g, 바닐라에센스 4g,
코코아파우더 20g, 다크초콜릿 26

토핑
설탕 80g, 호두 30g, 흰자 20g

> **TIP**
> • 크림화 제조 시 계절에 따라 크림화 방법을 고려하여 반죽한다.
> • 버터를 사용하기 전에 냉장고를 계절에 따라 미리 조절하여 사용
> • 크림법은 버터에 함유된 카세인과 유화가 가능하여 카세인이 크림의 미세 기포와 혼합되어 코팅하듯 감싸기 때문에 크림화가 가능하다.

크레이프 케이크

Crepe Cake

제조방법

❶ 가루재료를 체친다.

❷ 달걀 풀어서 우유, 설탕 넣고 풀어준 다음 녹인 버터를 넣고 반죽이 잘 섞이도록 거품기를 이용하여 섞어준다.

❸ 크레이프 반죽을 냉장고에 휴지시킨 후 반죽을 약불에서 색이 많이 나지 않게 얇게 부쳐낸다.

❹ 부쳐낸 크레이프를 한 겹씩 필링(크림)을 바르면서 겹겹이 쌓아 올린다.

❺ 완성된 크레이프 케이크를 냉동 보관 후 일정한 형태의 조각 케이크로 자른 다음 장식을 이용하여 마무리 한다.

- -

배합표 작성

반죽
박력분 134g, 달걀 90g, 우유 240g, 설탕 32g, 소금 2g, 버터 32g

필링
생크림 140g, 우유 160g, 커스터드크림 94g, 바닐라빈 1/2개

토핑
다크초콜릿 20g, 딸기 10g

TIP

• 크레이프의 부드러운 반죽을 원하는 경우 달걀을 체에 거른 상태에서 믹싱한다.

• 크레이프 반죽 완료 시 또 한번 체에 거른 상태에서 사용하면 부드럽다.

• 크레이프 반죽 사용 시 최소한 반죽 2시간 후에 사용

퍼프 소시지

Puff Sausage

제조방법

❶ 믹싱볼에 모든 재료를 넣고 최종단계까지 믹싱 후 반죽 사이에 롤인버터를 넣고 4×4로 접는다.

❷ 퍼프 페이스트리를 0.7cm 두께로 밀어 펴고 다이아몬드 커터기로 반죽의 모양을 만든다.

❸ 긴 소시지를 재단한 퍼프 페이스트리로 말아서 패닝 후 윗부분에 물 스프레이를 한다.

❹ 굽기 직전에 토핑으로 파마산 치즈가루를 뿌린다.

❺ 240℃ 오븐에서 10분간 굽기

❻ 오븐에서 구운 뒤 꺼내면 광택제 바르고 윗부분에 장식으로 파슬리가루로 마무리 장식을 한다.

- -

배합표 작성

도우
강력분 300g, 중력분 300g, 소금 12g, 물 220g, 롤인버터 280g

필링
롱 소시지 10g

토핑
파마산치즈, 파슬리가루

> **TIP**
> - 반죽을 접을 때 밀가루가 두텁게 묻어 있으면 상태의 결이 좋지 않으므로 작업대 위에 덧가루는 소량 사용하는 것이 좋다.
> - 퍼프 페이스트리 반죽은 많은 시간 휴지를 시켜야 하는 반죽이므로 미리 많은 반죽을 만들어 놓고 냉동 후 사용할 만큼 해동해서 사용하면 시간을 절약할 수 있다.

초코 피스타치오 스틱

Choco Pistachio Stick

제조방법

❶ 다크초콜릿, 버터를 함께 중탕으로 녹여 준비한다.

❷ 오렌지를 강판에 갈아 껍질부분만 준비하고, 쿠앵트로, 바카디에 오렌지 제스트를 담가 준비한다.

❸ 믹싱볼에 달걀, 설탕을 공립법으로 반죽온도 확인하면서 휘핑한다.

❹ 가루재료를 모두 체친다.

❺ ③번 가루재료 넣고 뭉치지 않도록 섞어준 후 ①번을 넣은 뒤 ②를 넣어 고루 섞는다.

❻ 준비된 팬 부분에 비닐 덮고 반죽이 마르지 않도록 랩핑 후 하루 정도 냉장고 휴지시킨다.

❼ 하루 휴지된 반죽을 60g 정도 분할 후 둥글게 경단모양으로 굴린 후 분당에 버무린다.

❽ 180~190℃, 20분 정도 굽는다.

- -

배합표 작성

반죽
다크초콜릿 467g, 버터 77g, 달걀 4개, 설탕 134g, 강력분 134g, 베이킹파우더 4g,
아몬드파우더 150g, 오렌지 제스트 2g, 쿠앵트로(오렌지리큐르) 14g, 바카디(럼) 14g

토핑
분당 200g

> **TIP**
> • 굽기 반죽 윗부분에 충분한 분당을 넣고 손을 한번 누르면 쿠키 모양이 잘 벌어진다.
> • 굽기 시 너무 오래 굽지 않도록 한다.

롤치즈 큐빅 식빵

Roll Cheese Cubic Bread

제조방법

❶ 버터를 제외한 모든 재료를 넣어 믹싱하고 클린업 단계에서 버터를 넣고 반죽을 완성한다.

❷ 믹싱은 최종단계까지 믹싱 완료 후 1차발효

❸ 미니큐브 식빵틀 230g 분할, 10분 정도 휴지 후 식빵 밀어 펴기 성형한다.

❹ 반죽 중앙 밖으로 롤 치즈를 적당히 버무린 후 둥글리기를 하면서 고루 묻힌다.

❺ 큐브 식빵틀 안쪽으로도 롤 치즈 넣는다.

❻ 큐브 식빵틀 90% 정도 부피까지 발효되면 뚜껑을 덮고 180℃ 오븐에 30분 굽는다.

배합표 작성

반죽
강력분 500g, 이스트 14g, 설탕 35g, 분유 6g, 개량제 6g, 버터 36g, 우유 330g, 달걀 50g,
소금 8g

필링
롤 치즈 적당량

TIP

• 식빵이 구워져 나오면 테이블에 충격을 주고 틀에서 꺼내야 식빵이 꺼지지 않는다.

• 식빵 시간 확인 후 바닥 부분에 구멍을 확인하고 윗 뚜껑을 살짝 열어보고 확인한다.

• 식빵 성형 시 충분히 공기 빼기를 해야 윗부분에 공기가 생기지 않는다.

러프 스쿱 쿠키

Rough Scoop Cookie

제조방법

❶ 크림법으로 버터와 설탕, 달걀을 나누어 섞어 넣는다.

❷ 충분히 크림화한 반죽에 나머지 가루재료를 넣고 고루 섞어준다.

❸ 나머지 재료를 대충 섞고 냉장 휴지 후 아이스크림 스쿱으로 떠서 토핑을 묻힌다.

❹ 스쿱모양으로 그대로 굽거나 눌러서 평평하게 놓은 후 굽기

❺ 패닝 후 윗불 200℃, 아랫불 190℃의 오븐에 넣고 24분 굽는다.

- -

배합표 작성

반죽

강력분 510g, 황설탕 225g, 백설탕 170g, 소금 5g, 바닐라에센스 2g, 베이킹소다 6g, 건포도 100g, 버터 225g, 달걀 400g, 밤다이스 50g, 식빵크런치 100g

토핑

설탕 250g, 버터 350g, 달걀 150g, 옥분 50g

> **TIP**
> - 토핑을 고루 섞어주기만 한 후 버무리듯이 묻혀준다.
> - 아이스크림 스쿱모양으로 굽기를 할 경우 낮은 온도(170℃)에서 40분 정도 굽는다.

호두팥앙금 브레드

Walnut Redbeanpaste Bread

제조방법

❶ 버터를 제외한 모든 재료를 넣어 믹싱하고 클린업 단계에서 버터를 넣는다.

❷ 믹싱은 최종단계까지 믹싱 완료 후 1차발효시킨다.

❸ 1차발효 완료 후 180g 분할 후 밀어 펴기를 한 후 10분간 휴지한다.

❹ 팥앙금 120g 분량을 바르고 트위스트형태로 말아 틀에 넣는다.

❺ 2차발효 후 윗불 200℃, 아랫불 190℃ 오븐에 넣고 22분 굽는다.

❻ 오븐에서 구워 나온 후 버터를 바른다.

배합표 작성

반죽
강력분 450g, 중력분 50g, 설탕 70g, 소금 8g, 우유 210g, 이스트 26g, 물엿 40g, 버터 90g,
달걀 110g

필링
통팥앙금 640g, 팥배기 160g, 연유 130g, 호두분태 164g

토핑
호두분태

> **TIP**
> • 성형과정에서 트위스트 형태로 말 경우 팥앙금과 반죽의 결이 측면에 보여야 완성도가 높아진다.

시나몬 크로넛

Cinnamon Cronut

제조방법

❶ 믹싱볼에 모든 재료를 넣고 발전단계까지 믹싱 후 반죽 사이에 버터를 넣고 반죽 휴지 3×3 접는다.

❷ 접기 과정을 거친 도우를 2cm 두께로 밀어 편 후 도넛커터기로 반죽의 모양을 만든다.

❸ 원형 도넛 커팅기를 이용하여 성형 후 장시간 저온발효를 한다.

❹ 발효가 끝난 반죽을 상온에서 10분간 건조 후 기름에 도넛 튀기듯이 튀겨낸다.

❺ 튀김온도 170℃, 갈변 시까지

❻ 발한현상이 발생하지 않도록 냉각 후 토핑을 묻혀낸다.

배합표 작성

도우
강력분 710g, 중력분 320g, 물 260g, 우유 240g, 소금 22g, 설탕 124g, 이스트 46g, 버터 60g

토핑
설탕, 계핏가루, 넛메그

> **TIP**
> • 크로넛 반죽은 퍼프 페이스트리를 사용해도 되지만 크루아상 반죽으로 제조하면 식감이 더욱 부드럽다.

미니 프루츠 타르틀레트

Mini Fruits Tartlet

제조방법

❶ 중력, 아몬드파우더를 체친다.

❷ 버터, 설탕, 분당, 설탕을 믹싱볼에 넣고 천천히 믹싱 후 버터를 잘게 피복한다.

❸ ①에 달걀을 2~3번 나누어 뭉칠 때까지 반죽을 한다.

❹ 뭉친 반죽을 눌러서 비닐을 활용 냉장 휴지

❺ 냉장 휴지한 반죽을 0.5cm 정도로 밀어 편 후 작은 타르틀레트틀에 씌운 후 상온 건조

❻ 200℃ 오븐에서 10분간 구워낸다.

❼ 구워낸 반죽 안에 녹인 버터를 얇게 바른 후 굳으면 과일, 넛, 크림 등을 채워 마무리한다.

- -

배합표 작성

반죽
버터 720g, 설탕 150g, 분당 300g, 달걀 200g, 바닐라에센스 4g, 소금 6g, 중력분 1200g,
아몬드파우더 150g

> TIP
> • 미니 타르틀레트 몰드에 반죽을 채울 경우 오븐에서 수축되므로 충분히 건조한 후 굽기과정을
>   진행한다.

풀리쉬 바게트

Poolish Barguette

제조방법

❶ 프랑스밀가루, 물, 이스트, 당밀로 풀리쉬 반죽을 4시간 전에 미리 섞어놓는다.

❷ 4시간 이후 풀리쉬 온도(20℃) 체크 후 본반죽 모든 재료를 넣고 같이 믹싱한다.

❸ 수율이 높은 반죽이므로 최대한 글루텐을 많이 형성한다.

❹ 1차발효 후 반죽을 2번 정도 접어준다.

❺ 발효가 완료되면 350g으로 분할한다.

❻ 바게트 모양으로 성형한다.

❼ 패닝 후 2차발효를 실시한다.

❽ 반죽이 마르지 않도록 주의한다.

❾ 윗불 240℃, 아랫불 230℃, 25분 스팀 후 굽는다.

배합표 작성

풀리쉬
프랑스밀가루 1150g, 이스트 22g, 물 1200g, 당밀 8g

본반죽
프랑스밀가루 2600g, 이스트 50g, 소금 80g, 물 1310g

TIP

• 물과 밀가루 1:1 동량에 재료를 넣고 이스트 첨가 후 만드는 발효반죽이다.

• 최소 2시간 이후 최대 24시간 이후에 사용 가능한 반죽이다.

• 풀리쉬 반죽온도는 24℃ 전후. 다소 차가운 반죽이 좋은 글루텐을 만들 수 있다.

맘모스 페이스트리

Mammoth Pastry

제조방법

❶ 믹싱볼에 모든 재료를 넣고 최종단계까지 믹싱 후 반죽 사이에 버터를 넣고 4×4로 접는다.

❷ 토핑은 버터와 설탕, 달걀을 크림법으로 만든 후 가루재료는 보슬보슬하게 소보로처럼 만든다.

❸ 퍼프 페이스트리 도우를 7×15cm로 커팅 후 반죽 윗부분에 우유를 충분히 바른다.

❹ 우유를 바른 반죽 윗부분에 소보로를 넉넉히 눌러서 토핑한다.

❺ 성형한 맘모스 페이스트리 반죽을 장시간 저온 발효 후 단면으로 굽는다.

❻ 구워진 제품을 냉각 후 양쪽에 앙금을 바른 후 겹친다.

- -

배합표 작성

도우
강력분 260g, 이스트 26g, 설탕 16g, 소금 4g, 물 110g, 달걀 50g, 분유 18g, 충전용 버터 100g

토핑
버터 23g, 설탕 35g, 아몬드 프라린 10g, 달걀 20g, 중력분 60g, 옥분 10g, 베이킹파우더 4g

> **TIP**
> - 퍼프 페이스트리 제조 시 찬물에 설탕, 소금을 같이 넣고 물에 넣고 희석해서 사용해야 반죽이나 제품에 반점이 생기지 않는다.
> - 충전용 버터 사용 시 도우가 충분히 휴지해야 밀어 펴기도 편하고 결도 잘 생성된다.

무화과 깜파뉴

Pig Campagne

제조방법

❶ 프랑스밀가루, 물, 이스트, 호밀가루로 풀리쉬 반죽을 먼저 4시간 전에 미리 섞어놓는다.

❷ 4시간 이후 풀리쉬 온도(24℃) 체크 후 본반죽에 모든 재료를 넣고 같이 믹싱한다.

❸ 믹싱 마지막 최종 믹싱 전에 반건조무화과, 크림치즈큐브 넣고 가볍게 섞는다.

❹ 1차발효 후 반죽을 2번 정도 들어서 접어준 후 20분 정도 추가발효를 진행한다.

❺ 발효가 완료되면 250g으로 분할한다.

❻ 분할한 반죽을 중간발효 후 봉상형으로 성형한다.

❼ 2차발효 후 10분 정도 상온 건조를 하고 쿠프를 내어 윗불 240℃, 아랫불 220℃ 스팀 후 굽는다.

배합표 작성

풀리쉬
프랑스밀가루 225g, 호밀가루 350g, 이스트 10g, 물 810g

본반죽
프랑스밀가루 2280g, 소금 60g, 이스트 60g, 물 1064g

필링
반건조무화과 260g, 크림치즈 168g

> **TIP**
> • 깜파뉴 반죽은 밀가루 총량 대비 호밀가루가 10~20% 들어간 빵이다.
> • 덧가루 사용은 호밀가루 사용으로 빵의 고소한 식감과 빵 모양의 효과를 냄

시카고치즈 브레드

Chicago Cheese Bread

제조방법

❶ 버터를 제외한 모든 재료를 넣어 믹싱하고 클린업 단계에서 버터를 넣는다.

❷ 믹싱은 최종단계까지 믹싱 후 1차발효를 약 1시간 정도 진행한다.

❸ 1차발효 완료 후 80g 분할한다. 10분간 중간발효 후 밀어 펴서 2호 원형틀에 반죽을 펼친다.

❹ 2차발효 후 바닥면을 펀칭하고 포크로 구멍을 낸 후 필링을 충분히 채워넣고 토핑을 한다.

❺ 윗불 200℃, 아랫불 190℃ 오븐에 넣고 28분간 굽는다.

- -

배합표 작성

반죽
강력분 450g, 중력분 50g, 설탕 70g, 소금 8g, 개량제 6g, 이스트 26g, 물엿 40g, 버터 90g,
달걀 110g, 우유 210g

필링
크림치즈 44g, 체다치즈 26g

토핑
모짜렐라슈레드치즈 36g, 파마산치즈 32g

> **TIP**
> • 시카고치즈피자의 형태가 빵의 형태로 변형된 제품으로 충전하는 모짜렐라 치즈를 충분히 채워
>   넣고 갈변 때까지 충분히 굽는다.

코코넛슈레드 브레드

Coconut Shred Bread

제조방법

❶ 버터를 제외한 모든 재료를 넣어 믹싱하고, 클린업 단계에서 버터를 넣는다.

❷ 믹싱은 최종단계 직전에 건포도와 호두를 넣고 천천히 믹싱 완료 후 1차발효시킨다.

❸ 1차발효 완료 후 230g 분할 후 10분간 중간발효를 한다.

❹ 봉상형으로 성형 후 표면에 잔 칼집을 낸 후 2차발효를 한다.

❺ 2차발효 후 윗부분에 토핑을 넉넉히 올린 후, 윗불 200℃, 아랫불 190℃ 오븐에 넣고 25분 동안 굽는다.

- -

배합표 작성

반죽
강력분 1000g, 설탕 12g, 버터 16g, 소금 16g, 개량제 20g, 분유 20g, 커피분말 20g, 이스트 40g, 달걀 220g, 우유 410g, 건포도 280g, 호두 86g

토핑
흰자 580g, 설탕 480g, 코코넛슈레드 630g, 중력분 96g

> **TIP**
> • 윗부분의 코코넛 토핑을 진하게 굽는다.

인절미 빵

Injeolmi Bread

❶ 버터를 제외한 모든 재료를 넣어 믹싱하고 클린업 단계에서 버터를 넣는다.

❷ 믹싱은 최종단계까지 믹싱 완료 후 1차발효시킨다.

❸ 1차발효 완료 후 180g 분할, 10분간 휴지 후 16cm 길이의 타원형으로 밀어 편 후 필링을 막대모양으로 놓고 말아서 긴 고구마모양으로 성형한다.

❹ 2차발효 후 윗불 200℃, 아랫불 190℃ 오븐에 넣고 22분 굽는다.

❺ 윗부분에 토핑용 크림을 바른 후 인절미 가루를 넉넉히 묻혀낸다.

배합표 작성

반죽
강력분 460g, 중력분 46g, 설탕 68g, 소금 8g, 개량제 10g, 이스트 32g, 물엿 24g, 버터 90g, 달걀 140g, 우유 210g

필링
크림치즈 160g, 생크림 64g, 방앗간찹쌀가루 126g

토핑
생크림 146g, 설탕 24g, 인절미가루 68g

TIP
- 기성품이 아닌 방앗간에서 직접 갈아낸 찹쌀가루를 활용해야 찰진 식감을 가진다.

아몬드 크루아상

Almond Croissant

❶ 버터를 뺀 나머지 재료를 넣고 클린업 단계에서 버터를 넣는다.

❷ 최종까지 반죽을 믹싱 완료 후 반죽에 공기가 들어가지 않도록 잘 덮어 냉장고에 60분 정도 휴지 후 충전용 버터를 넣고 3절 3회 반죽을 접는다.

❸ 최종 완성된 반죽을 밀대로 2cm 두께의 직사각형 모양으로 밀어 편 다음 삼각형 모양으로 자른다.

❹ 자른 크루아상을 성형한 후 저온장시간 발효 후 달걀물을 바르고 상온건조한다.

❺ 윗불 240℃, 아랫불 200℃ 오븐에서 22분간 굽는다.

❻ 구워진 크루아상에 중간 칼집을 넣고 아몬드크림을 얇게 펴바르고, 윗부분을 짤주머니 이용하여 짠 후 슬라이스 아몬드 뿌리고 다시 6분 정도 굽는다.

- -

배합표 작성

반죽
강력분 710g, 중력분 320g, 물 260g, 우유 240g, 달걀 60g, 소금 22g, 설탕 124g, 이스트 46g, 버터 60g, 충전물버터 560g

필링
아몬드파우더 100g, 버터 100g, 설탕 100g, 중력분 10g, 달걀 100g

토핑
아몬드 슬라이스

> **TIP**
> • 밀어 편 반죽의 두께가 너무 두꺼우면 층이 잘 나오지만 유지가 흘러나와 맛이 부족해진다. 반대로 반죽이 너무 얇으면 반죽이 서로 달라붙어 층이 보이지 않는다.

부록

얕지만 알아두면 좋을
제과제빵 지식창고

1 ▶ 오븐 사용법에 대해 알아봅시다

오븐의 종류

- **강제순환식 오븐** : 아래쪽에서 열기가 나오지만 오븐의 뒤쪽 혹은 위쪽에서 팬이 돌아가서 열풍을 강제로 순환시켜 주는 형태의 오븐으로 컨벡션이라고도 합니다. 주로 하드계열(독일빵이나 프랑스빵 등)의 제조에 사용하면 좋은 질감을 얻을 수 있습니다.

- **데크식 오븐** : 위, 아래에서 온도를 조절하여 열기가 나오는 일반적인 형태의 오븐을 데크오븐이라 합니다. 스팀을 분사할 수 있는 조절능력을 갖춘 형태의 오븐도 있고 일반적으로 업장에서 사용하는 대표적인 형태의 오븐이며, 유로오븐은 오븐 바닥으로 돌판을 사용하고 오븐 공간이 일반 데크오븐보다 높이가 높아 상하 온도조절에 유의합니다.

- **자연대류식 오븐** : 아래쪽에서만 열기가 나오는 일반적인 가정용 오븐으로 주로 가스를 사용하는 이유로 온도조절에 주의를 기울여야 하고 홈베이킹을 할 때 온도를 조절하여야 합니다.

오븐의 올바른 사용법

- 구워질 제품의 특성에 맞게 충분히 예열한 후에 사용합니다.

- 같은 기종의 오븐이라 하더라도 기계의 특성상 위치별, 높이별로의 온도 차이가 있게 마련입니다. 이런 이유로 여러 번 사용해 본 노하우를 토대로 자신이 사용하는 오븐의 특성을 파악해 놓으면 완성도 높은 제품을 얻을 수 있습니다.

- 제품이 구워지는 동안에는 특히 제품의 모양이 어느 정도 형성되지 않은 상태에서 오븐을 열어보는 행동은 급격한 열 손실로 인해 제품이 주저앉는다든지 원하는 모양으로 완성되지 않는 경우가 있으니 주의할 것.

- 패닝할 경우 성형한 제품을 균일한 크기와 균일한 간격으로 패닝해야 열이 고루

전달되고 고른 색의 제품을 얻을 수 있습니다.

- **오븐 청소** : 반죽이 넘쳐흘렀다면, 혹은 부스러기가 떨어져 있다면 완전히 식었을 때보다는 약간의 미온이 남아 있을 경우에 청소하는 것이 깨끗하게 오븐을 관리하는 요령입니다. 청소를 주기적으로 해주어야 온도변화를 미리 예방하고 오래 사용할 수 있습니다.

오븐 사용법

① 오븐의 온도는 미리 설정해 놓은 오븐의 온도를 예열했을 경우 알 수 있지만 사용하다 보면 그렇지 못한 경우도 있습니다. 패널에 표시된 온도와 기타 온도계 등을 사용해서 알 수 있지만 여의치 못할 경우 온도를 알아보는 방법을 소개합니다.

감지온도(℃)	손으로 알 수 있는 열의 감지	적용가능한 용도의 제품
매우 강한 온도 (240℃ 이상)	매우 뜨거워서 손을 넣을 수 없다. 오븐을 열면 오븐에서 강한 열기와 연기가 난다.	특수목적의 용도 이외에는 사용하지 않는다.
강한 온도 (220~240℃)	손을 넣으면 뜨거워서 바로 손을 빼야 할 정도	오븐을 예열하여 온도를 낮추는 제품(바게트, 퍼프 페이스트리 등)
조금 강한 온도 (180~200℃)	손을 넣으면 뜨겁지만 1~2초가량 견딜 수 있는 정도	일반적으로 가장 많이 사용하는 온도(식빵, 단과자빵, 롤케이크, 쿠키류 등)
중간 온도 (170~180℃)	손을 넣으면 4~5초가량 견딜 수 있는 정도	케이크시트류, 비스킷, 파운드케이크, 파이 등
조금 약한 온도 (160~170℃)	손을 넣으면 10초 정도 견딜수 있는 정도	카스텔라, 치즈케이크 등 주로 40분 정도 굽는 제품류
약한 온도 (150~160℃)	손을 넣으면 10초 이상 견딜 수 있는 정도	마블케이크, 대판카스텔라 등 40분 이상 굽는 제품류
매우 약한 온도 (120~150℃)	손을 넣으면 따뜻한 느낌이 드는 정도	바상쿠키, 머랭 등 기타 건조제품류
극히 약한 온도 (50~90℃)	열이 있다는 것만 알 수 있는 정도	특수목적의 용도 이외에는 사용하지 않는다.

② 기본적으로 제과제빵은 무게단위로 배합표가 제공됨이 일반적이나, 최근에는 글로벌한 자료를 접할 기회가 많아지므로 이에 국내 제과제빵업계에서는 잘 사용되지는 않으나 알아두면 좋을 온도를 요약

섭씨(℃)	구분(근사치)	화씨(℉)
0℃	물 어는점	32℉
37.8℃	체온	100℉
65.6℃	달걀 응고온도	150℉
100℃	물 끓는 온도	212℉

2 ▶ 제과점에서는 주로 어떤 일을 하나요?

일반적인 윈도우베이커리 형태의 직책

- 제과점에서는 주로 한국어와 일어가 혼합된 알 수 없는 형태의 말이 아직도 존재
  합니다. 배우는 학생이라면, 그리고 이 책을 공부하는 분이라면 우리가 우선 개
  선해야 할 사항입니다만, 현존하는 형태의 어휘이므로 그대로 소개해 보고자 합
  니다.

우선 제과점에서는 직책이

- 시다 - 기미장   주단파 - 주말이 - 부공장장 - 공장장

이런 순서로 직급이 정해져 운영됩니다.

주로 팀 단위로 일을 하는데 작은 점포의 경우에는 중간 직급이 생략되어 3~4명 정
도가 일하는 경우도 있습니다. 물론 대형 점포의 경우에는 이러한 팀 단위가 몇 팀이
있는 경우도 있지요.

그러면 하는 일을 살펴보면,

- **시다** : 설거지 등 잡다한 일들을 모두 다 한다고 보면 됩니다. 조그마한 점포에서
  는 재료계량 등의 간단한 일들도 병행해서 합니다.

- **가마** : 오븐이 변형된 형태의 말이라 할 수 있죠. 말 그대로 오븐을 본다고 표현을 합니다. 오븐에서 나온 철판 등의 도구도 관리하는 일을 하고 다른 관점에서 보면 가장 중요한 일 중의 하나라고도 할 수 있습니다. 오븐관리를 잘못하면 몇 시간 공들인 제품들을 폐기해야 하는 경우가 흔합니다.
- **주단파** : 재료계량과 빵이나 케이크의 반죽을 담당하는 직급입니다. 업무 특성상 출근시간이 다른 직원들보다 조금 빠른 것이 특징입니다.
- **주말이** : 부공장장과 거의 같은 일을 하는데 케이크 데커레이션이나 제빵성형 등의 직무를 수행합니다.
- **공장장** : 표현 그대로 모든 생산과정을 책임지고 생산계획도 수립합니다. 물론 직원들의 휴무라든지 복지 등도 제과점 오너와 협의하고 관리합니다. 오너셰프인 경우에는 다르지만 그렇지 않은 경우에 제과점 오너는 거의 전적으로 공장장에게 일임하는 경우가 많습니다.

호텔에서의 직책

(1) 호텔 제과부서의 기능

지원주방으로서의 기능을 가지고 있습니다.

일반 조리주방의 디저트라든지 사이드메뉴 등을 제조하여 타 업장에 공급한다든지 객실에 제공하는 제품류의 제조가 일반적인 업무의 형태라고 할 수 있습니다.

또한, 델리카트슨이라는 판매 업장을 통해 호텔고객에게 제조된 제품을 판매하고 있습니다. 원래의 취지는 숙박고객을 대상으로 편의제공 차원에서 판매하였으나 최근에 와서는 타 영업장과 매출 면에서 비슷한 비중을 차지할 만큼 성장한 호텔의 매장도 있습니다.

나아가서 브랜드의 가치를 바탕으로 외식산업에 진출하여 많은 매장을 직영체제로 운영하는 형태의 업장도 다수 생겨나고 있고 각종 계절제품이나 특선제품(발렌타인데이, 추수감사절, 부활절, 크리스마스 등)의 형태로 선두역할을 하고 있습니다.

(2) 직무분석

- 제과과장(Sous Chef) : 제과부의 총관리, 지휘를 합니다. 생산지도, 감독, 기술기능지원, 기존 제품개발 및 각 업장과의 협의를 통한 메뉴개발, 페스티벌 메뉴 등을 계획하고 책임집니다. 판매시장과 더불어 구매시장의 조사도 병행하고 있습니다.

- 각 담당 제과장(Demi Chef) : 각 섹션별의 책임자를 뜻하며 연회나 각 영업장의 후식 및 제공되는 디저트 등을 체크하고 신 메뉴 개발 및 지시를 합니다.

- 제과제빵 주임(1st Cook) : 부제과장의 지휘를 받으며 각 섹션별로 나누어져 각 조를 책임지고 현장 책임자로서 임무를 합니다. 실무 위주의 조리를 하며 부하직원의 기술 또한 지도하는 책임을 맡고 있습니다.

- 제과 제빵담당(2nd Cook) : 제품류를 직접 생산하는 역할을 하고 제과제빵 보조의 기술을 연수시킵니다. 연회 준비의 전반적인 생산관리를 하고 실무를 보좌하며 표준조리법과 조리기술을 익혀나갑니다.

- 제과제빵보조(Helper) : 상급 제과제빵사의 지시를 받아 제과제빵 업무를 돕고 주방을 청결하게 유지하며 기술을 습득하고 식재료를 수령하고 표준조리법과 조리기술을 익혀나갑니다.

3 ▶ 마지팬이란?

설탕과 아몬드를 갈아 만든 페이스트형태의 제품으로 이를 사용하여 공예과자를 만들기도 하고 반죽의 재료로 사용하기도 한다.

마지팬 공예순서 및 주의점

① 마지팬은 사용량 만큼씩만 분할하여 균일하게 치댄 후에 사용한다.

② 같은 모양의 제품을 여러 개 만들 때에는 같은 중량으로 계량해 놓고 만들면 크기가 일정한 제품을 얻을 수 있다.

③ 사용할 마지팬은 건조되지 않도록 비닐로 밀봉해 놓는다.

④ 완성된 제품은 색소를 넣어 반죽하지 않을 경우 착색은 건조 후에 실시하는 것이 좋다.

4 버터, 마가린의 차이점은 무엇인가요?

구분	버터	마가린	올리브오일
제조법	우유 중에 지방을 분리하여 크림을 만들고 이것을 섞어 엉기게 한 다음 응고시킨다.	식용유지에 물을 넣은 후 유화제, 향료 등 첨가물을 혼합해 만든 대용품	올리브열매에서 추출한 천연 식물성 기름
특징	• 동물성 지방인 포화지방 함유 • 한번 융해되면 원상태로 복구가 안 된다. • 냄새를 잘 흡수 • 맛과 향이 뛰어남	• 불포화지방산이 있는 식물성 기름에 수소를 첨가해 포화지방으로 제조 • 버터에 비해 산화안정성 • 버터에 비해 맛이 다소 떨어짐	• 인체에서 100% 흡수, 분해 • 액체상태 • 성인병 예방에 효과가 있으며 미용효과
가격비교	마가린보다 비싸지만 올리브오일보다는 저렴	가격이 저렴	가격이 비싼 편
열량비교	12g 정도에 97kcal	12g 정도에 93kcal	12g 정도에 111kcal
콜레스테롤 함량	매우 높은 편	트랜스지방으로 높은 편	거의 없음
다이어트는?	칼로리가 높고 콜레스테롤도 높은 편이라 바람직하지 못함	마가린은 식물성이기는 하나 콜레스테롤이 높아 바람직하지 못함	장의 신진대사 활발작용으로 바람직함

5 · 올바른 건포도 전처리 방법(Soaking Raisins)

우선 건포도의 맛과 품질이 변하지 않도록 제대로 보관하는 방법부터 살펴봐야 합니다. 건포도 포장의 내부습도는 보통 50%로 균형이 맞춰져 있습니다. 따라서 보관하는 장소의 습도가 50%보다 높을 때는 건포도가 공기 중의 수분을 빨아들이게 됩니다. 건포도는 포장을 뜯지 않은 상태라도 수분을 흡수하게 되면 건포도 자체의 수분량이 2~3%나 높아집니다. 이를 오랫동안 그대로 두면 건포도 과육 속의 천연 당분이 결정을 이뤄 겉모습이 나빠지게 되는 것이죠.

건포도를 전처리할 때는 27℃ 정도의 따뜻한 물에 푹 담갔다가 바로 꺼낸 다음 물을 완전히 빼서 사용하는 방법과 건포도 무게의 12%에 해당하는 27℃의 물에 건포도를 섞은 다음 비닐봉투에 담아 3~4시간 두고 사용하는 방법 등이 있습니다.

지나치게 많은 양의 물에 건포도를 오랫동안 담가두면 건포도 속의 가용성 물질이 물에 녹아 30%나 손실돼 맛과 향의 변화를 초래하기 때문에 좋지 않습니다. 형태가 또렷하지 못하고 문드러져 있으며 회색빛이 감도는 건포도는 이처럼 물에 담그는 시간이 너무 길었거나 가용성 물질이 빠져버린 탓입니다. 건포도가 들어가는 제품을 만들었을 때 무엇보다 중요한 것은 건포도 자체의 맛과 향을 제대로 살리는 것인데 당분을 잃은 건포도는 겉모습은 물론 맛과 향 또한 좋지 않습니다. 건포도 속 당분은 천연의 방부제로서 제품의 유통기한을 늘려주는 역할도 합니다. 건포도의 수분함량과 제품의 품질 사이에는 서로 상당한 관련이 있음을 알 수 있습니다.

건포도를 전처리할 때 물뿐 아니라 럼도 너무 많이 사용하면 건포도가 불어서 제품에 좋지 않은 영향을 미치게 됩니다. 과실주의 경우만 따져 봐도 술만 걸러 먹을 뿐 그 속의 과실은 엑기스가 이미 빠져 나온 껍데기 상태라 즐기지 않습니다. 마찬가지로 건포도의 향을 돋우기 위해 물 대신 럼으로 전처리를 하지만 럼의 양이 너무 많으면 건포도의 맛과 향이 럼으로 빠져나와 정작 건포도 자체는 맛이 나빠지게 마련입니다.

생크림케이크, 타르트, 파이 등에 사용하면 더욱 먹음직스럽고 수분도 잃지 않게 도와줍니다. 나파주, 미로와 두 가지 모두 젤 같은 상태로 완전히 굳지 않습니다.

나파주와 미로와는 어떻게 다른가요?

구분	나파주	미로와
사용목적	① 광택이 오랫동안 변하지 않아 그만큼 맛의 신선도를 유지시킬 수 있다. ② 광택이 나므로 시각적인 효과를 높여준다. ③ 단맛이 적어 제품의 맛에 영향을 주지 않는다. ④ 스펀지 시트나 과실에 쉽게 밀착되므로 케이크를 예쁘고 깨끗하게 잘라 나눌 수 있다.	
용도	각종 파이종류나 타르트, 치즈케이크, 생크림케이크	
특징	살구잼 또는 구스베리 젤리를 체에 걸러 펙틴을 더한 것으로 케이크, 과자의 표면에 광택을 내기 위한 광택제의 하나. 더욱 먹음직스러워 보이며 표면이 마르지 않습니다.	포도당, 물, 펙틴, 구연산, 구연산나트륨이 주 성분인 케이크 위에 장식해 놓은 과일들이 마르지 않고 윤기 나게 해주는 광택제. 생크림케이크 위의 과일들에서 흔히 볼 수 있습니다. 케이크 위에 장식된 과일 등에 발라주면 과일이 빛이 나며 시들지 않고 오래갑니다.
색	살구색	무색(투명)
사용법	소량의 물에 개어 조려 사용합니다.	(전처리 없이) 수저로 한 스푼 정도 떼어 잘 개어 과일 위에 붓 등을 이용해 발라줍니다.
보관방법	냉장보관	냉장보관

쉽게 구분이 안 가는 베이킹파우더와 베이킹소다에 대해서 이 기회에 정리를 해봅시다. 베이킹소다의 주성분은 탄산수소나트륨입니다.

물, 열과 반응하여 이산화탄소를 발생시키고 반응 후에는 약간의 알칼리성 잔류물을 남깁니다. 제과제빵 제품은 산, 알칼리에 따라 속결의 색에 영향을 받습니다.

즉, 산성일수록 밝아지며 알칼리성일수록 어두워집니다.

그리고 탄산수소나트륨은 약간의 쓴맛과 떫은맛이 납니다.

베이킹파우더가 제조되기 전에는 베이킹소다를 사용했습니다. 거의 모든 화학적인 팽창제의 주체는 탄산수소나트륨이라 할 수 있는데, 그에 발생되는 문제가 속결이 밝아야 하는 제품일 경우 베이킹소다를 사용하면 원하는 제품을 얻을 수 없다는 문제가 발생합니다. 또한 조직이 푸석거리면서 쓴맛이 남게 됩니다.

그래서 이 단점들을 보완하고자 중화제를 섞어서 제조한 제품이 베이킹파우더이고, 약간의 전분도 포함됩니다.

따라서 중성이기 때문에 색에 영향을 미치지 않고 재료의 색상을 살려주는 효과를 나타내면서 팽창제의 역할을 하게 된 제품입니다.

반면에 단점은 동량일 경우 소다의 1/3 정도의 팽창력 부족으로 인해 많은 양을 사용해야 하는 단점이 있긴 합니다.

그렇다 해도 아직까지 배합표상에 베이킹소다가 존재하는 이유는 배합표가 오래전 것이라서가 아니라 유심히 보면 베이킹소다의 배합에는 코코아가 들어가는 것을 알 수 있습니다. 코코아는 자연상태에선 산성이므로 이 산성을 중화시키기 위해 베이킹소다를 사용했었습니다.

이러한 이유로 베이킹소다와 베이킹파우더를 혼용하는 배합표가 존재합니다.

정리하면, 베이킹소다가 없을 경우에는 베이킹파우더를 2~3배 정도 사용하면 같은 효과를 얻을 수 있습니다.

8 ▶ 덧가루에 관해

일반적으로 덧가루라 하는 것은 반죽을 손으로 성형할 경우 손에 달라붙거나 팬이나 기타 도구에 엉겨붙는 것을 방지하기 위해 사용하는 재료계량 이외의 분량의 가루를 말합니다.

상식적으로 생각하면 중력분으로 제조한 반죽의 경우에는 중력분을, 강력분으로 제조한 반죽의 경우에는 강력분을 덧가루로 사용해야 옳으나, 실제 밀가루를 덧가루로 사용할 때에는 강력분을 사용합니다.

그 이유는 덧가루의 사용목적에 있습니다.

성형하고 있는 손이나 기타 도구에 엉겨붙는 현상은 수분의 차이로 인해서가 대부분이므로 상식적으로 알고 있듯이 강력분이 수분 흡수율이 중력분이나 박력분에 비해 높은 이유로 인해서 효과가 크게 나타납니다.

그래서 효과가 큰 만큼 사용량을 적게 해도 원하는 효과를 얻을 수 있습니다.

덧가루는 사용해 본 결과 안 쓰면 가장 좋고 쓰게 되면 최소량을 사용해야 합니다.

이유는 덧가루는 반죽에 흡수되는 밀가루가 아닌 이유로 과하게 사용하면 실제 굽기과정 중에서 표면에 줄무늬가 생기거나 속결의 색상에도 영향을 미칠 수 있기 때문입니다.

이외에도 특징이 다른 제품 즉, 찹쌀떡 같은 제품을 제조할 때에는 전분을 사용한다든지 하는 제품에 적합한 덧가루를 적절하게 사용하는 것은 제품의 완성도를 높이는 또 하나의 포인트라고 할 수 있습니다.

9 ▶ 쿠키를 만드는 세 가지 방법

쿠키는 만드는 법에 따라 다음의 3종류로 나누어집니다.

① 반죽을 일정한 두께로 밀어 펴 쿠키커터로 찍거나 칼로 재단한 쿠키

② 반죽을 짤주머니에 채운 다음 짜내어 구운 쿠키

③ 반죽을 냉동시켜 굳힌 다음 일정한 두께로 잘라 만든 쿠키

①번 밀어 펴는 쿠키는 유지 함량이 가장 많아서 이 또한 반죽을 냉장고에 넣어 두고 휴지를 시켜야만 반죽의 농도가 적당해져 밀어 펴기가 수월해집니다.

②번 '짜는 쿠키'는 수분 함량이 가장 많아서 반죽을 냉장고에서 잠시 휴지시킨 다음 짤주머니에 담아 짜야 합니다. 일반적으로 제과점에서 쿠키를 만들 때 반죽을 대충 소보로화한 다음 냉동고에 넣고 2~3시간 정도 휴지시키고 나서 비터나 훅으로 다시 반죽하는 것으로 알고 있습니다. 이때 냉동실이 아닌 냉장실에서 반죽을 휴지시키면 휴지한 다음 다시 반죽할 때 반죽에 찬 기운이 없어 글루텐이 너무 많이 형성될 수 있습니다.

쿠키 반죽의 글루텐은 '미운 쿠키'를 만든다

글루텐은 뚝뚝 잘 부러지는 느낌이 중요한 쿠키에 좋지 않은 영향을 미칩니다. 글루텐이 많이 형성된 반죽으로 쿠키를 구우면 윗면이 매끄럽지 못하고 불룩 올라오거나 상당히 거칠어지며 때론 갈라지기도 합니다. 쿠키를 성형할 때 원하는 모양이 제대로 나오지 않는 이유는 대부분 글루텐이 많이 형성됐기 때문입니다. ③번 '냉동쿠키'는 성형을 마친 반죽을 냉동고에 보관시켰다가 필요할 양만큼을 꺼내 칼로 재단해 구워냅니다. 이때 냉동상태의 반죽을 바로 재단하면 반죽이 잘게 부스러질 수 있으므로 미리 해동한 뒤에 잘라야 제대로 된 모양의 쿠키를 만들 수 있습니다. 또 냉동고에서 꺼내 쓸 때는 반드시 필요한 양만큼만 자르고 나머지 부분은 녹기 전에 바로 냉동고에 넣어야 합니다. 그렇지 않고 반죽 전체를 해동시켜 재단하고 남은 반죽을 다시 냉동시키면 쿠키의 풍미와 향이 심하게 떨어지게 됩니다. 냉동쿠키를 바로 반죽해서 만들 때는 성형한 다음 바로 냉동고에 2~3시간 정도 넣어두었다가 꺼내 칼로 자르는 것이 원하는 모양의 쿠키를 얻는 방법입니다. 이때 냉동속도가 더디면 반죽 속에 큰 얼음 결정이 생겨서 제품의 조직이 상할 수 있기 때문에 되도록 급속냉동고를 이용하는 것이 좋습니다. 해동할 때도 온풍을 이용해 가능한 빨리 온도를 높여서 녹여야 해동하는 동안 반죽이 노화되는 것을 최대한 막을 수 있습니다.

10 냉동생지에 대한 개념을 알아봅시다

냉동생지 : 생지(生地)란 우리말로 하면 반죽에 해당되는 일본식 한자라 할 수 있습니다.

영어로 Frozen Dough, 한자로는 凍面團이라 하는데 일반적으로 냉동생지라 불리는 이유는 일본식 표기에 따라 여과 없이 부르는 이유이기도 합니다.

베이커리 생산현장에서는 흔히 "중간반죽", "냉동반죽"으로 지칭하는데 가장 큰 장점으로는 생산 시간을 상당히 줄일 수 있는 장점이 있습니다.

요리와 마찬가지로 빵을 만들기 위해서는 여러 단계가 필요합니다. 각종 원료를 섞고 발효한 후 굽는 과정은 누구나 알고 있는 필요한 과정들입니다. 이러한 과정들을 생략하고 기존의 작업들을 미리 해놓으면 편리할 것이라는 생각에서 냉동생지는 1930년대부터 미국에서 처음 연구되기 시작했습니다. 국내에서는 80년대 초반 도입되었으나 품질의 불안정성으로 인해 문제를 야기시켰으나 현재는 완성된 기술을 보유한 상태입니다.

1차발효 – 분할 – 성형 – 2차발효 – 굽기 단계를 거치는 반죽의 단계를 절반 정도 줄인 반제품 형태라고 할 수 있습니다. 성형단계를 거쳐 냉동 보관되는 제품이기 때문에 활용 여하에 따라 생산성을 증대시킬 수 있는 것입니다.

생산성과 제품 품목의 다양화라는 점에서 도입 초기보다는 상당히 시장이 확산되고 있다고 베이커리업계에서는 평가하고 있습니다.

이러한 형태를 응용하여 양산해 내고 있는 시스템이 바로 냉동생지이고 여러 필요성으로 인해 점차 확산되고 있는 추세입니다.

냉동반죽의 특성을 제대로 활용하면 저온으로 발효되는 특성 등으로 풍미가 뛰어난 제품까지도 생산이 가능합니다. 또한 반죽에서 성형까지의 과정이 필요 없으므로 간단한 교육만으로 제품을 생산해 낼 수 있고 인력난 및 휴일근무에 대한 부담도 덜 수 있습니다.

일반적인 형태의 제빵제조과정(스트레이트법 기준)

| 원료 배합 | ⇨ | 믹싱 | ⇨ | 1차 발효 | ⇨ | 분할 | ⇨ | 중간 발효 | ⇨ | 성형 | ⇨ | 2차 발효 | ⇨ | 가공 | ⇨ | 굽기 |

냉동생지의 과정별 형태

반죽냉동	1차발효를 마친 상태에서 급속냉동	품질이 양호하나 이후의 과정 편의성 부족
분할냉동반죽	1차발효를 마친 상태에서 분할 및 둥글리기 후 급속냉동	해동시간이 짧은 장점 다양한 종류에 적용이 가능
성형냉동반죽	성형 후 냉동한 반죽	해동-2차발효-굽기과정으로 편의성이 뛰어나고 양산업체 사용방식(RTP)
발효냉동반죽	2차발효까지 완성된 반죽을 냉동	품질관리에 난점, 페이스트리 반죽에 다양하게 활용
파베이킹 (ParBaking)	2차발효 완료 후 초벌구이된 상태의 제품(ex. 냉동 피자, 냉동추로스 등)	재벌굽기 과정만 하거나 업장 고유의 토핑 과정만 필요하므로 편의성 극대화
제품냉동	완제품의 냉동	제과와 제빵의 차이점 발생, 단순 재가열의 방법으로 소비가능

11 ▶ 버터를 태워서, 녹여서, 그리고 굳혀서 사용하는 것

버터를 녹일 때에는 불에 직접 올려서 녹이면 풍미가 덜하고 성분도 변하므로 녹일 때에는 반드시 중탕해서 녹이거나 전자레인지에 넣어 녹이는 것이 좋습니다. 녹인 버터는 쿠키나 케이크반죽 등을 마무리할 때 섞으면 버터가 반죽 사이에 고루 스며들기 쉽기 때문에 바삭하게 구워지는 효과를 냅니다. 반죽과 잘 섞이게 하는 온도는 약간 미지근한 상태가 가장 좋습니다.

버터를 태운다는 것은 엷은 갈색이 나도록 태우는 것을 말합니다. 이렇게 태우면 헤이즐넛 향과 같은 고소한 향이 나며 수분이 증발하므로 풍미가 좋아지고 불순물이 분리되기 때문에 고급 향이 나는 버터가 됩니다. 태운 버터는 체에 걸러서 거품 등을 걸어내고 사용하는데 대표적인 제품으로 피낭시에를 들 수 있습니다.

고체상태로 굳혀놓은 버터로 만드는 제품으로는 크루아상이나 데니시 페이스트리, 퍼프 페이스트리가 있습니다. 반죽에 잘 여며서 수차례 접어 밀어 펴는 작업을 반복하다 보면 적층구조가 형성되는데 이러한 적층구조의 팽창성을 이용해 만드는 제품의 특성이 있습니다. 주의할 점은 버터가 얇은 층으로 형성되기 때문에 녹기 쉬워서 일정시간 냉장고 등에서 굳힌 후 작업을 빠르게 진행하는 것입니다.

12 냉동과일 퓌레에 대해서

- 아열대 기후가 아닌 이상 생과일을 365일 사용하는 것은 불가능한 일입니다. 그러나 제과제품에서 과일은 빠질 수 없는 중요한 재료 중 하나이고, 최근 몇 년간 소비가 대폭 늘어난 무스류를 비롯해 생과자 제품에서 과일류가 차지하는 비중은 상당해졌습니다. 공급과 가격이 안정되어 있어서 사용이 간편한 냉동과일 퓌레와 데커레이션의 중요한 요소 중 하나인 I.Q.F.(급속냉동과일) 등의 냉동가공 과일제품 중에서 퓌레는 100% 과육을 으깬 것과 전체분량의 10% 정도에 해당하는 당분을 넣어 가당 처리한 것이고, 키위, 라임 등의 산도가 높은 과일은 젤화시키다 보면 제대로 응고되지 않아 실패하는 경우가 있는데 이때는 끓는 물에 살짝 데쳐 중화시키면 작업하기가 용이합니다.

사용 시 주의점

① **해동** : 냉동퓌레를 사용할 때는 가능한 저온에서 해동하는 것이 좋습니다. 전자레인지나 자연상태에서 해동하는 것이 가장 좋고 한번 해동시킨 제품을 다시 냉동시키면 색상과 수분상태가 급변하므로 반드시 사용할 만큼만 덜어서 사용하는 것이 좋습니다. 급속 냉동과일의 경우에는 적당량을 덜어낸 후 냅킨 등의 위에

올려놓고 겉의 성에를 제거한 후에 사용하는 것이 제품에 물이 흐르는 것을 방지하는 요령입니다.

② **강한 열처리 금지** : 퓌레에 갑자기 강한 열을 가하면 과일의 산도가 높아질 수 있고, 따라서 과일의 산도는 맛, 색, 향 그리고 완성된 제품의 식감을 변화시키므로 맛이 떨어지고 온전히 제 형태를 갖추지 못합니다.

③ **정확한 겔화제 계량** : 무스류를 비롯한 퓌레를 사용하는 제품의 경우 응고를 위한 겔화제는 정확한 계량이 필요합니다. 과일의 종류에 따라 적절히 사용하는 것이 식감을 결정합니다.

④ **보관** : 개봉해서 사용할 만큼 덜어낸 냉동과일류는 되도록 실온상태에서 머무르는 시간을 최소화해서 냉동 보관하는 편이 좋습니다.

13 ▶ 갓 구운 케이크시트를 내려치는 이유?

갓 구운 스펀지 케이크 속의 공기방울들은 닫혀 있기 때문에 공기가 들어가거나 나올 수 없습니다. 이 케이크는 수많은 작은 풍선들이 서로 달라붙어 있는 것으로 간주할 수 있습니다.

케이크시트가 식으면서 방울 내부의 증기가 응결됩니다(즉, 물로 변한다). 모든 작은 방울들이 줄어들면서 점점 작아진다고 상상해 보면 그에 따라 케이크도 점차 주저앉기 시작할 것이기 때문에, 케이크의 가장자리는 뻣뻣하고 (더 많이 구워졌으므로) 케이크틀의 지지를 받고 있고, 이런 이유로 많이 꺼지지 않습니다. 그러나 응결된 증기를 대체할 공기가 방울 속에 들어가도록 케이크의 구조를 바꾸지 않는다면, 케이크의 가운데 부분이 주저앉아 버릴 것입니다.

그런 이유로 약 30~40cm 높이에서 케이크를 단단한 표면 위로 충격을 주어 떨어뜨리면 방울벽을 통해 충격파가 전달되면서 일부 방울벽이 부서지고 케이크는 닫힌 구조에서 열린 구조로 변하게 됩니다. 그렇게 되면 터진 방울 사이로 외부의 공기가 들어가 채워지므로 케이크가 주저앉지 않는 효과를 가져옵니다. 따라서 갓 구워져 나온 케이크시트는 충격을 인위적으로 부여하여 열린 구조로 만들어주는 것이 완성도 높은 제품을 만드는 요령이라 할 수 있습니다.

14 ▶ 한국의 디저트

한과

한과는 후식으로 먹는 과자류로 제사, 혼사, 잔치 때 사용하는 필수음식입니다. 우리나라에서는 전통적으로 과자를 과정류라 하여 외래과자와 구분합니다.

유밀과, 유과, 정과, 다식, 숙실과, 과편, 엿강정류를 통틀어 한과류라고 하며 다른 말로는 조과라고도 하는데 이는 천연물에 맛을 더하여 만들었다는 뜻입니다. 이렇게 한과는 여러 종류가 있지만 여러 가지 곡식의 가루를 반죽하여 기름에 지지거나 튀기는 유밀과, 쌀가루에 콩물, 술 등을 넣고 반죽하여 다식판에 채워 모양낸 다식, 과일을 익혀서 다른 재료와 섞거나 조려서 만드는 숙실과, 과일을 삶아 걸러 굳힌 과편, 그리고 견과류나 곡식을 된 조청 등에 버무려 만든 엿강정 등이 있습니다.

음청류

불교문화와 더불어 도입된 차는 모든 중요한 의식에 이용되는 과정류와 함께 기호식품으로 발전하였는데, 가족들이 과정류와 함께 즐겨 마시던 전통차로는 인삼차, 유자차, 모과차, 감귤차, 오미자차 등이 있으며 최근에는 녹차, 생강차, 계피차 등도 선호되고 있습니다.

떡류

떡류는 쌀가루로 곱게 빻아서 익혀내는 음식으로 만드는 방법에 따라 찌는 떡, 삶는 떡, 지지는 떡, 치는 떡 등이 있습니다.

최근에는 서양과자를 제외한 한식풍의 디저트 전문점 또한 시장이 급성장 추세에 있으므로 이에 대한 학습 또한 필요합니다.

15 ▶ 파이와 타르트

파이의 본고장은 영국과 미국이라고 할 수 있습니다. 따라서 미국식 파이라고도 하죠. 이것은 프랑스의 타르트, 타르틀레트라고도 하는 것에 해당하기도 합니다. 여기서 접시모양의 받침대를 깔개용 파이반죽이라 하고, 이것만을 구워낸 것을 파이껍질(Crust)이라고 합니다.

사실 파이라 함은 층상구조를 이루는 바삭한 과자, 프랑스의 푀이타주(feuilletage)제품, 영국의 퍼프 페이스트리에 해당합니다. 버터와 밀가루가 층상을 이루어 바삭바삭하도록 식감을 낸 과자를 파이라 하는 것은 용어상의 착오에서 비롯된 것이고, 영국의 퍼프 페이스트리가 일본으로 건너가는 과정에서 파이라 불리게 되었고 이것이 그대로 우리나라에서 파이라 불리는 것이 정설입니다. 최근에 와서는 이 명칭에 오류가 있음을 인지하였지만, 과자, 파이류를 제조하는 당사자는 물론이고 일반 소비자에게까지 뿌리 깊게 박혀 있어 정정하기 어려운 상태입니다.

흔히, 파이반죽이라 함은 쇼트 페이스트로 만든 접시모양의 받침대에 여러 가지 충전물을 얹어 구운 과자의 껍질이나, 퍼프 페이스트리를 만드는 재료를 뜻한다고 보면 무리가 없습니다.

16 ▸ 나라마다 독특한 세계인의 빵이야기

밀가루나 곡식가루에 버터, 소금 등을 넣고 반죽해서 구워 만든 빵이 여러 경로를 거쳐 세계에 퍼지면서 각 민족들은 각자의 음식문화에 맞게 정착, 제각기 색다른 맛과 모양을 갖게 되었습니다. 빵 하면 서구지역을 먼저 떠올리게 되는데 다른 지역에서도 많이 만들어졌을 텐데,… 중국에서는 오래전부터 비스킷, 쌀가루로 만든 설탕과자, 간장을 넣은 빵도 만들어 왔습니다. 중앙아시아 지역에서는 넓적하고 평평하게 구운 것이 특징인데 이는 고대 빵의 원형이라 할 수 있습니다.

나라마다 각기 고유한 모습을 찾아볼 수 있는 빵에 국민성이 나타나기도 합니다.

낭만의 나라 프랑스는 밀가루와 소금, 이스트, 물만으로 반죽하여 밀가루의 독특한 향을 그대로 담아 바삭하고 고소한 막대기 모양의 바게트를, 검소하기로 소문난 독일 사람들은 커다란 호밀빵을 칼로 썰어 뜨거운 물에 데쳐낸 소시지와 함께 먹기도 합니다.

버터나 우유를 많이 넣고 반죽해서 부드러운 빵을 즐기는 미국인들에 비한다면, 독일 사람들은 지나칠 정도로 거칠고 담백한 맛을 즐깁니다.

가정 중심의 식사문화가 발달한 영국에서는 하얗게 구워 뜨거울 때 반으로 갈라 잼이나 버터 등을 발라 먹는 잉글리시머핀에 얼그레이홍차를 곁들이곤 하고, 실용적인 것을 좋아하는 미국인들은 버터를 듬뿍 넣어 반죽한 롤빵에 고기와 채소, 새콤달콤 소스를 곁들여 먹는 햄버거가 그들을 대표하는 빵이라 할 수 있습니다.

17 ▸ 여러 가지 이름으로 불리는 빵집이야기

제과점의 간판은 일제시대부터 **당에서 **제과점, **빵집, **베이커리, **파티세리, **블랑제리 등의 여러 이름으로 불려왔는데 통칭 베이커리라 하는 것은 과자, 빵,

아이스크림, 떡 등을 제조하여 그 제품을 판매하는 점포를 일컫는 말이라 할 수 있습니다.

윈도우베이커리(Window Bakery)

점포 내에서 제품을 만들고 이를 고객들이 직접 볼 수 있도록 매장과 공장의 경계를 유리창으로 구분한 과자점을 말합니다. 국내의 과자점이 대부분 이러한 형태를 취하고 있으며 위생적인 면이 고려되어 시설을 유도하고 있습니다. 국내 과자점은 판매와 제조를 동일건물에서 하도록 규정하고 있습니다.

홈베이커리(Home Bakery)

빵, 과자를 제조, 판매하는 소규모의 업소를 말합니다. 그들만의 독특한 고유의 제조법으로 독특한 맛과 개성을 가진 제품을 만드는 베이커리를 말하며, 빵, 과자의 역사가 오래된 유럽이나 일본에서는 대대로 가업으로 계승된 홈베이커리의 형태가 많습니다.

리테일베이커리(Retail Bakery)

규모가 큰 제과회사에서 완제품을 소매로 공급받아서 판매하는 소규모의 베이커리를 말합니다(리테일은 소매란 뜻).

홀세일 베이커리(Wholesale Bakery)

과자류 제조업허가를 가진 프랜차이즈본사 등으로 도매, 소매를 같이하는 대규모의 생산설비를 갖춘 베이커리를 말합니다.

인스토어베이커리(Instore Bakery)

대형할인매장, 슈퍼마켓 같은 대형매장 안에 있는 베이커리로 제조공장이 있어 제조, 판매를 동시에 합니다. 본래는 할인매장 전체의 매출을 상승시키기 위해 생겨났다고 볼 수 있습니다.

오븐프레시베이커리(Oven Fresh Bakery)

제품을 계속해서 오븐에서 구워 나오도록 하여 고객에게 항상 신선한 제품을 만들어 파는 이미지를 부여하는 베이커리로 베이크오프베이커리(Bake-off Bakery)도 이에 속합니다.

온프라미스 베이커리(On-Premise Bakery)

일종의 오븐프레시베이커리로 반죽의 믹싱부터 발효, 성형, 굽기, 마무리장식까지 전체공정을 점포 내에서 할 수 있는 제조설비를 갖추고 있고 스크래치베이커리(Scratch Bakery)라고도 합니다.

델리카트슨베이커리(Delicatessen Bakery)

레스토랑베이커리라고도 하며 빵, 과자를 손님들이 식사대용으로 먹을수 있도록 즉석에서 조리하여 제공되기도 하고, 또한 식탁에 간편하게 내놓을 수 있도록 가공된 통조림, 육류, 샐러드, 치즈 등의 조리가공용 재료로 사용합니다.

베이크오프베이커리(Bake-off Bakery)

냉동반죽회사나 프랜차이즈본사에서 냉동반죽을 공급받아 냉동상태로 보관하고 필요에 따라 해동, 발효하여 구워 판매하는 일종의 오븐프레시베이커리의 형태입니다.

18 ▶ 초콜릿 가공에서 템퍼링이란?

대부분의 제과기술인들, 쇼콜라티에는 초콜릿을 어떻게 템퍼링하냐고 물으면 잘 대답하여 주십니다. 그러나 왜 템퍼링을 하냐고 물으면 간혹 곤혹스러워하죠. 대부분의 기술자분들은 모두 알고 계시지만 그래도 템퍼링에 대해 정의를 내려보도록 하겠습니다.

템퍼링의 목적은 액체상을 고체상의 지방 형태로 바꿔주는 작업이라 할 수 있습니다. 그 결과로 보형안정성, 광택, 입안에서의 구용성, 스냅성(초콜릿조각을 부러뜨릴 때 나는 경쾌한 소리)를 얻을 수 있습니다. 템퍼링의 물리적 정의는 코코아버터 안에 있는 지방산을 서로 붙여서 결정을 만드는 작업입니다.

그렇다면 결정이란?

2차원 구조의 지방산이 뭉쳐서 3차원의 입체가 되는 것입니다. 예를 들면, 빙점 이하에서 액체는 결정화 과정을 거쳐 고체로 변합니다. 템퍼링은 코코아버터를 얼리는 과정이라 할 수 있으며 물은 물이란 단일성분으로 단일온도인 0℃에서 얼게 되지만 코코아버터는 여러 가지 지방산으로 구성되어 있기 때문에 각 지방산이 갖는 고유의 융점과 동결점이 있습니다.

왜 결정의 숫자가 중요한가요?

결정의 숫자가 너무 많으면 초콜릿의 점도가 높아 가공적성이 안 좋아집니다.

반면에 너무 적으면 굳지 않는 결과가 나옵니다. 최적의 결정량은 냉각이 시작될 때 1% 정도뿐입니다.

액체가 어떻게 고체로 변하죠?

결정이란 것은 제한된 공간에서 계속 포개져서 밀도를 계속 증가시켜 결국은 고체로 됩니다. 결정이 여러 개가 겹칠수록 더욱더 단단하고 밀도 높은 초콜릿이 탄생하게 됩니다. 또한 크기가 유사한 결정이 분포되면 전체적으로 유사한 밀도를 갖지만, 크기가 일정하지 않다면 부위별로 밀도가 다른 결과가 나오게 됩니다.

19 ✦ 비스킷(Biscuit) 이야기

비스킷(Biscuit)의 가장 간단한 제품형태는 단순히 밀가루와 물을 혼합한 형태로 BC 4000년경 고대 이집트의 고분에서 발견되었고, 근대 비스킷 산업은 19세기 때 발달된 항해술로 인해 세계로 진출하던 영국에서 시작되었다고 합니다. 오랜 항해 동안에 비축할 식량으로서의 "빵"은 높은 수분 함량으로(35~40%) 인하여 적당치 않았기에 수분 함량이 낮은 빵을 생각하게 되었는데 이는 비스킷의 어원에서도 쉽게 유추될 수 있습니다.

즉 비스킷(Biscuit)의 BIS는 "두 번", CUIT는 "굽다"라는 라틴어와 붙어 "Bescoit"에서 유래되었다고 볼 수 있습니다. 이 말들이 "두 번 굽는다"라는 뜻을 가지고 있듯이 실제로 뜨거운 오븐에서 한 번 굽고 냉각 오븐에 옮겨서 건조시킵니다. 더불어 설명하면, 쿠키(Cookies)는 "작은 케이크"를 의미하는 독일어 "Koekje"에서 유래되었고 크래커(Cracker)는 먹을 때 Cracking Noise 때문에 그렇게 불리게 되었다고 합니다.

이와 같이 초기 비스킷 산업은 오랜 항해나 전쟁 중의 비상 개념으로 시작되어 Hand Made-Type으로 전해오다가 산업혁명 이후 기계 기술이 발달함에 따라 비스킷 제조 설비 및 기술로 급속히 발전하여 세계적으로 확산되었습니다. 우리나라는 일제 시대 때 초기단계의 비스킷이 유입되었고, 국내 비스킷 산업은 1950년대부터 식품산업의 한 분야로 자리 잡기 시작했다고 볼 수 있습니다.

참고로 비스킷의 뜻은 각 나라마다 다른 것을 지칭하므로 설명하자면, 미국에서 비스킷은 화학적으로 발효된 빵 같은 형태를 말하는데 (KFC, 파파이스 등의 패스트푸드

등에서 판매되는) 이것은 영국의 스콘(Scone)과 비슷한 동의어입니다. 영국에서 비스킷으로 불리는 것이 미국에서는 "Cookie and Crackers"로 불립니다. 여기서 우리는 비스킷을 비스킷(Biscuit), 쿠키(Cookies)와 크래커(Cracker)가 포함되는 일반적인 용어로 보시면 됩니다.

비스킷은 주로 밀가루, 설탕, 지방을 이용하여 구운 제품이며 수분 함량이 4% 미만입니다.

그리고 탈습이 억제되는 포장 재질을 이용하면 6개월 이상의 유통기한을 갖습니다.

또한, 비스킷은 여러 가지 모양, 크기로 만들어지며, 굽기가 끝난 후 초콜릿이 코팅된 제품, 각종의 원료가 혼합된 크림이 샌드된 비스킷, 그리고 향, 색소가 첨가된 다양한 종류가 있습니다.

20 ▶ 케이크의 유래

케이크는 설탕, 계란, 밀가루(또는 녹말가루), 버터, 우유, 크림, 생크림, 리큐르 등의 재료를 적절히 혼합하여 구운 것을 말하는 것으로 최초의 케이크는 로마인들이 구워낸 보리빵으로 결혼을 축하하는 데 쓰였습니다.

그 후 지금과 같은 형태의 케이크는 17세기 중엽 프랑스 요리사에 의해 개발되었는데 특히 현재와 비슷한 형태의 웨딩케이크를 탄생시켰습니다. 그리고 또 하나 생일날 빠뜨릴 수 없는 것이 바로 케이크인데 이는 중세 독일의 '킨테 페스테'라고 하는 어린이를 위한 생일축하 행사에서 유래되었다고 합니다.

생일날 아침, 가족들은 앞으로의 "생명의 등불"이라는 의미에서 나이보다 한 살 많게 촛불을 꽂은 케이크를 아이가 눈을 뜨자마자 앞에 갖다 놓으며 생일을 축하해 주었다고 하는데, 온 가족이 케이크를 다 먹을 때까지 촛불을 켜놓았고, 이때부터 촛불은

단숨에 끌 것, 소원은 꼭 비밀에 부칠 것 같은 풍습이 내려오고 있다고 전해집니다.

21 ▸ 시럽의 종류와 쓰임새

시럽은 설탕과 물을 끓여 졸인 당액(糖液)이며, 설탕 외에도 각종 재료 중 액상 감미료나 향신료를 혼합해 만든 것도 있습니다. 설탕시럽은 원료에 따라 당도나 풍미가 다르고 설탕의 양과 물의 비율 또는 졸인 정도에 따라 농도가 다릅니다. 보통 시럽의 당도를 나타낼 때에는 보메(°Bé)로 표시합니다.

여러 가지 시럽의 용도

- 케이크용 시럽 : 유럽에서는 주로 25보메의 시럽을 사용하지만 우리나라에서는 너무 달아서 설탕 1kg에 물 2kg을 넣은 17보메의 시럽을 케이크시트에 사용합니다. 시럽을 바르는 이유는 생크림이나 버터크림, 무스, 바바루아 등의 크림을 스펀지시트에 샌드할 때 좀 더 부드럽게 하고 촉촉한 식감을 위해서입니다.

- 버터크림용 시럽 : 주로 노른자나 흰자를 끓인 설탕시럽을 넣어 거품을 만들 때 설탕시럽의 점도를 이용해 단단한 거품이나 머랭을 만들 목적으로 사용합니다. 통상 버터크림용은 설탕량의 30%의 물과 10%의 물엿을 118~121℃까지 끓여 농도가 짙은 시럽을 사용합니다.

이 정도의 온도로 끓이는 것을 제과제빵에서는 "'청'을 잡는다"라고 표현하기도 합니다.

- 찬 음료 제조용 시럽 : 아이스커피나 찬 음료에 사용하기 위해 설탕 1kg에 물은 같은 양 또는 절반 정도를 넣어 만듭니다.

- **공예용 시럽** : 공예용 시럽은 끓이는 온도가 높으므로 140~155℃까지 끓여서 사용합니다.

대략 150℃ 전후에서 설탕은 갈변이 시작되므로 온도상승에 주의합니다.

- **아이스크림 및 셔벗용 시럽** : 용도에 따라 당도를 조절하고 설탕시럽 외에 검(Gum)이나 프루츠시럽, 바닐라시럽, 커피시럽, 메이플시럽 등의 향신료가 가미된 설탕시럽 등을 사용합니다.
- **코팅용 퐁당** : 설탕량의 30%의 물을 첨가해 107~110℃까지 끓인 후 그 시럽은 믹싱해 퐁당으로 사용합니다.
- **리큐르봉봉** : 설탕량의 30%의 물을 넣고 120℃까지 끓여 초콜릿 센터용으로 사용합니다.

22 ▶ 쓰다 남은 이스트의 보존방법

생이스트, 드라이이스트, 인스턴트 드라이이스트 등은 한 동 뜯어서 사용하다 보면 꼭 남게 됩니다. 각각의 보존방법을 알아봅니다.

우리나라에서 가장 많이 사용하는 생이스트의 경우에는 문자 그대로 살아 있는 것이어서 온도, 물, 공기 등에 매우 민감합니다. 그러므로 보존하는 데 세심한 주의를 기울여야 합니다. 보통 생이스트는 공기에 노출되는 것을 되도록 최소화하고 개봉 후에는 남은 이스트의 표면이 건조되지 않도록 밀봉용기에 담아서 냉장 보관합니다.

생이스트는 4℃ 이하가 되면 활동이 둔해지기 시작하고 반대로 온도가 상승하면 자기소화(이스트 내의 효소에 의해 이스트 자신을 분해하는 것)를 시작하기 때문에 냉장이 적당합니다. 단, 냉동은 피하는 것이 좋습니다. 냉동하게 되면 이스트는 모든 활동을 정지할 뿐 아니라 동결됨에 따라 이스트 내의 수분이 얼어서 팽창되므로 다수의 세포를 사멸시키게 됩니다. 이를 동결손상이라 합니다.

보존기간은 통상 약 2주일. 그 이상이 지나면 아무리 냉장고 속이라 해도 조금씩 발효가 이루어지기 때문입니다. 그래서 생이스트는 최소한 사용할 만큼만 주문하고 한 봉지씩 개봉해서 사용하도록 합니다.

이외에도 많이 사용하는 드라이이스트와 인스턴트 드라이이스트의 경우에는 공기에 너무 노출되지 않도록 하고 습기가 적고 저온인 장소에 보관하는 것이 발효력 유지에 좋습니다.

6개월에서 1년 정도는 이스트의 활성을 떨어뜨리지 않고 충분히 보존할 수 있다고 합니다.

참고문헌

- 프로를 위한 제빵테크닉, 비앤씨월드, 비앤씨월드
- 기초제과제빵기술, 정청송, 기전연구사
- 제과제빵기술, 이혜양 외, 지구문화사
- 제과제빵완벽실무, 정재홍 외, 형설출판사
- 제과제빵기능사실기, 신태화 외, 크라운출판사
- 베이킹테크놀로지, 이광석 역, 비앤씨월드
- Baking & Pastry, CIA, WILEY
- The Cookie, Catherine Atkinson, LB
- Dessert Cookbook, Thunder Bay Press, ThunderBayPr
- On Baking, Sarah Rabinsky, Pearson
- Big Bread, Anne Sheasby, Duncan Baird

저자소개

이경화
오산대학교 호텔조리계열 교수

김종욱
대림대학교 호텔조리제과학부 교수

김정수
배재대학교 외식조리학과 교수

이준열
서정대학교 호텔외식조리과 교수

정현철
동원대학교 호텔조리과 교수

이원석
경민대학교 카페베이커리과 교수

김형일
가톨릭관동대학교 조리외식경영학과 교수

강신욱
서원대학교 호텔외식조리학부 교수

저자와의
합의하에
인지첩부
생략

최신 제과제빵기능사 실기

2024년 2월 28일 초판 1쇄 발행
2025년 1월 31일 초판 2쇄 발행

지은이 이경화 · 김종욱 · 김정수 · 이준열
　　　　 정현철 · 이원석 · 김형일 · 강신욱
펴낸이 진욱상
펴낸곳 (주)백산출판사
교　정 박시내
본문디자인 신화정
표지디자인 오정은

등　록 2017년 5월 29일 제406-2017-000058호
주　소 경기도 파주시 회동길 370(백산빌딩 3층)
전　화 02-914-1621(代)
팩　스 031-955-9911
이메일 edit@ibaeksan.kr
홈페이지 www.ibaeksan.kr

ISBN 979-11-6567-738-1　13590
값 32,000원